"1+X"职业技能等级证书配套系列教材

人工智能

深度学习基础实践

北京百度网讯科技有限公司 广州万维视景科技有限公司 ◉ 联合组织编写

张健 常城 ◉ 主编

孟思明 郭春锋 邱焕耀 ◉ 副主编

Artificial Intelligence Deep Learning Foundation Practice

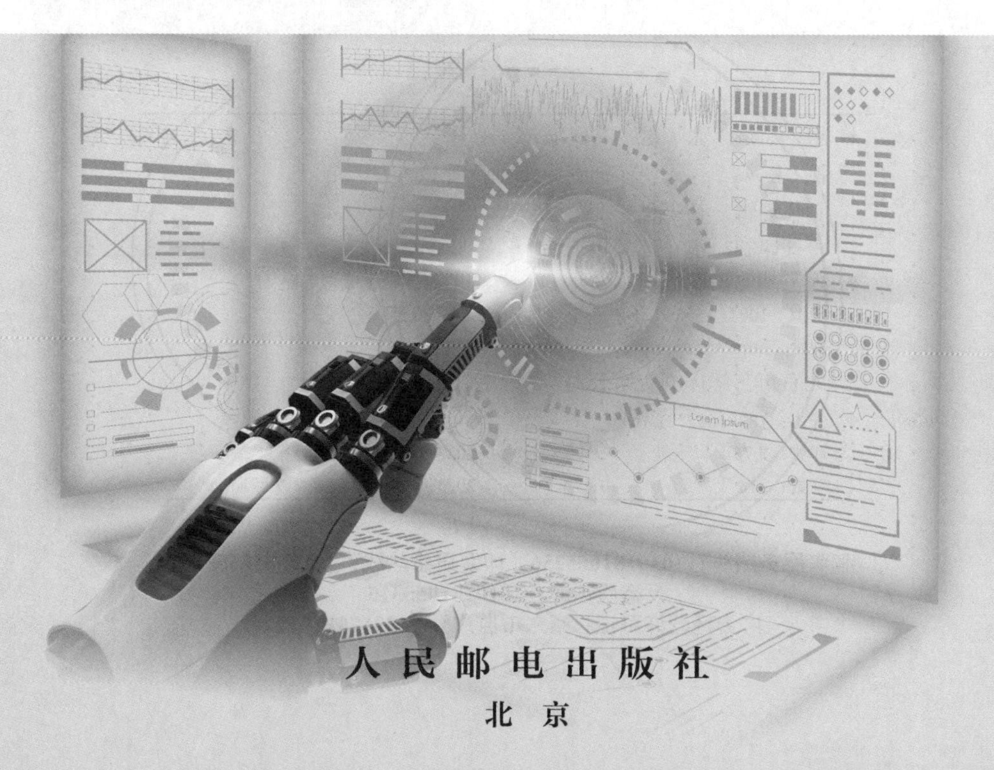

人民邮电出版社

北京

图书在版编目（CIP）数据

人工智能深度学习基础实践 / 张健，常城主编. --
北京 : 人民邮电出版社，2022.8（2023.6重印）
“1+X”职业技能等级证书配套系列教材
ISBN 978-7-115-57588-3

Ⅰ. ①人… Ⅱ. ①张… ②常… Ⅲ. ①机器学习－职
业技能－鉴定－教材 Ⅳ. ①TP181

中国版本图书馆CIP数据核字(2021)第257862号

内 容 提 要

本书较为全面地介绍深度学习应用场景下的人工智能产品研发、深度学习数据应用、深度学习基础应用等内容。全书共10个项目，包括人工智能需求管理、设计人工智能产品、人工智能开发平台应用、数据采集工程应用、数据处理工程应用、数据标注工程应用、机器学习模型训练、深度学习框架应用开发、深度学习框架基础功能应用、深度学习线性回归模型应用等。本书以满足企业用人需求为导向、以岗位技能和综合素质培养为核心，通过理论与实战相结合的方式，培养能够根据深度学习项目需求，完成数据的采集、标注、处理等工作，以及机器学习模型训练、深度学习模型训练等工作的人才。

本书适用于“1+X”证书制度试点工作中的人工智能深度学习工程应用职业技能等级证书（中级）的教学和培训，也适合作为中等职业学校、高等职业学校、应用型本科院校人工智能相关专业的教材，还适合作为需充实深度学习应用开发知识的技术人员的参考书。

◆ 主　　编　张　健　常　城
副 主 编　孟思明　郭春锋　邱焕耀
责任编辑　初美呈
责任印制　王　郁　焦志炜

◆ 人民邮电出版社出版发行　　北京市丰台区成寿寺路 11 号
邮编　100164　　电子邮件　315@ptpress.com.cn
网址　https://www.ptpress.com.cn
北京市艺辉印刷有限公司印刷

◆ 开本：787×1092　1/16
印张：8.75　　2022 年 8 月第 1 版
字数：218 千字　　2023 年 6 月北京第 2 次印刷

定价：39.80 元

读者服务热线：(010)81055256　印装质量热线：(010)81055316
反盗版热线：(010)81055315
广告经营许可证：京东市监广登字 20170147 号

前言

PREFACE

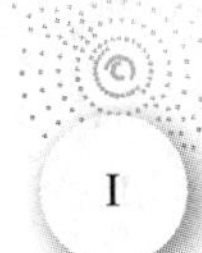

随着互联网、大数据、云计算、物联网、5G通信技术的快速发展以及以深度学习为代表的人工智能技术的突破，人工智能领域的产业化成熟度越来越高。人工智能正在与各行各业快速融合，助力传统行业转型升级、提质增效，在全球范围内引发了全新的产业发展浪潮。艾瑞咨询公司提供的数据显示，超过77%的人工智能企业属于应用层级企业，这意味着大多数人工智能相关企业需要的人才并非都是底层开发人才，更多的是技术应用型人才，这样的企业适合职业院校和应用型本科院校学生就业。并且，许多人工智能头部企业开放了成熟的工程工具和开发平台，可促进人工智能技术广泛应用于智慧城市、智慧农业、智能制造、无人驾驶、智能终端、智能家居、移动支付等领域并实现商业化。

教育、科技、人才是全面建设社会主义现代化国家的基础性、战略性支撑。本书全面贯彻党的二十大精神，坚持科技是第一生产力、人才是第一资源、创新是第一动力，深入实施科教兴国战略、人才强国战略、创新驱动发展战略，开辟发展新领域新赛道，不断塑造发展新动能新优势。为积极响应《国家职业教育改革实施方案》，贯彻落实《国务院办公厅关于深化产教融合的若干意见》和《新一代人工智能发展规划》的相关要求，应对新一轮“科技革命”和“产业变革”的挑战，促进人才培养供给侧和产业需求侧结构要素的全方位融合，深化产教融合、校企合作，健全多元化办学体制，完善职业教育和培训体系，培养高素质劳动者和技能人才，北京百度网讯科技有限公司联合广州万维视景科技有限公司以满足企业用人需求为导向，以岗位技能和综合素质培养为核心，组织高职院校的学术带头人和企业工程师共同编写本书。本书是“1+X”证书制度试点工作中的人工智能深度学习工程应用职业技能等级证书（中级）指定教材，采用“教、学、做一体化”的教学方法，可为培养高端应用型人才提供适当的教学与训练。本书以实际项目转化的案例为主线，按“理实一体化”的指导思想，从“鱼”到“渔”，培养读者的知识迁移能力，使读者做到学以致用。

本书主要特点如下。

1. 引入百度人工智能工具平台技术和产业实际案例，深化产教融合

本书以产学研结合作为教材开发的基本方式，依托行业、头部企业的人工智能技术研究和业务应用，开展人工智能开放平台的教学与应用实践，发挥行业企业在教学过程中无可替代的关键作用，提高教学内容与产业发展的匹配度，深化产教融合。通过本书，读者能够依托如百度公司的EasyData智能数据服务平台、EasyDL零门槛AI开发平台等工

前言

PREFACE

具平台，高效地进行学习和创新实践，掌握与行业企业要求匹配的专业技术。

2. 以“岗课赛证”融通为设计思路，培养高素质技术技能型人才

本书基于人工智能训练师国家职业技能标准的技能要求和知识要求进行设计，介绍完成职业任务所应具备的专业技术能力，依据“1+X”人工智能深度学习工程应用职业技能等级证书考核要求，并将“中国软件杯大学生软件设计大赛芯片质检赛道——基于百度飞桨 EasyDL 平台的芯片质检系统”等竞赛中的新技术、新标准、新规范融入课程设计，将大赛训练与实践教学环节相结合，实施“岗课赛证”综合育人，培养学生综合创新实践能力。

3. 理论与实践紧密结合，注重动手能力的培养

本书采用任务驱动式项目化体例，每个项目均配有实训案例。在全面、系统介绍各项目知识准备内容的基础上，介绍可以整合“知识准备”的案例，通过丰富的案例使理论教学与实践教学交互进行，强化对读者动手能力的培养。

本书为融媒体教材，配套视频、PPT、电子教案等资源，读者可扫码免费观看视频，登录人邮教育社区（www.ryjiaoyu.com）下载相关资源。本教材还提供在线学习平台——Turing AI 人工智能交互式在线学习和教学管理系统，以方便读者在线编译代码及交互式学习深度学习框架开发应用等技能。如需体验该系统，或获取案例源代码，读者可扫描二维码关注公众号，联系客服获取试用账号。

万维视景公众号

慕课视频

本书编者拥有多年的实际项目开发经验，并拥有丰富的教育教学经验，完成过多轮次、多类型的教育教学改革与研究工作。本教材由深圳信息职业技术学院张健、北京百度网讯科技有限公司常城任主编，广州铁路职业技术学院孟思明、山东外贸职业学院郭春锋、广东机电职业技术学院邱焕耀任副主编，广州万维视景科技有限公司李伟昌、庄晓辉等工程师也参加了图书编写。

由于编者水平有限，书中不妥或疏漏之处在所难免，殷切希望广大读者批评指正。同时，恳请读者发现不妥或疏漏之处后，能于百忙之中及时与编者联系，编者将不胜感激，E-mail：veryvision@tringai.com。

编　者

2023 年 5 月

目录

CONTENTS

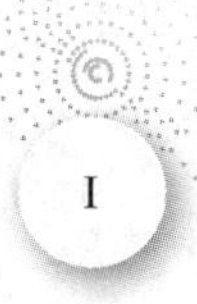

目录

CONTENTS

目录

CONTENTS

目录

CONTENTS

第1篇 人工智能产品研发

人工智能（Artificial Intelligence，AI）是一门涉及多学科、多领域知识的学科，其主要研究的是利用人工的方法和技术，模仿、延伸甚至拓展人的智能，实现机器的智能。人工智能自诞生以来，取得了很多举世瞩目的成果，其在许多领域都有所应用，推动战略性新兴产业融合集群发展。本篇将主要介绍人工智能产品的需求管理、产品设计和开发平台应用，使读者逐步了解人工智能产品的研发流程。

项目 1 人工智能需求管理

01

人工智能自1956年诞生至今，历经了起起落落的60多年。在这期间，人工智能领域产生了不少科研成果。但这些成果有的只是“昙花一现”，有的则经过不断的优化、改善，成为今天人们喜闻乐见的人工智能产品，如智能机器人和无人车等。如今，成功商业化的人工智能产品有不少，这些产品出现在人们的日常生活中，可帮助人们排忧解难。

项目目标

（1）了解人工智能产品需求的定义。
（2）了解人工智能产品需求管理的过程。
（3）熟悉需求文档的撰写方法。
（4）掌握5W2H分析法。
（5）能够针对实际场景撰写需求文档。

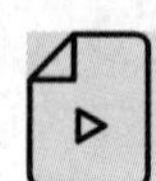

项目描述

人工智能产品的诞生，是以解决人们生活中遇到的实际问题为基础的，而这些实际问题就可作为人工智能产品的需求。在本项目中，我们将首先介绍需求的定义，接着介绍需求管理的过程，并通过商品检测项目介绍需求文档的撰写，帮助读者掌握人工智能产品的需求分析方法和需求文档的撰写方法，为读者将来设计人工智能产品时提供产品需求基础知识。

知识准备

1.1 需求的定义

“需求”一直是人工智能产品开发过程中较为模糊的词之一，其定义并不统一。不同背景的人从不同角度来理解需求会有不同的看法。“需求”一词通常可以从商业运用和技术开发两个角度进行理解。

从商业运用的角度理解，需求指的是某产品或服务能够满足用户的某些需要的集合，通常可分为业务需求、用户需求和系统需求 3 种。以下是对这 3 种需求的具体介绍。

- 业务需求描述的是用户所期待的需求，其主要从宏观层面描述产品可解决市场上的哪些痛点和问题。
- 用户需求描述的是用户要求产品必须完成的任务以及完成任务的方法。用户需求通常可在问题定义的基础上进行用户访谈、调查，然后通过对用户使用产品的场景进行整理而得到。
- 系统需求则是进一步拆分用户需求，用于完成功能列表的输出。这一级的需求可以添加到研发中。

以自动驾驶汽车产品为例，其商业运用角度下的需求描述如表 1-1 所示。

表1-1　自动驾驶汽车产品在商业运用角度下的需求

需求类型	需求内容
业务需求	减少驾驶员的操作任务量
用户需求	自动并且安全地行驶到目的地
系统需求	首先感知道路环境并获取车辆位置信息，然后根据道路环境和车辆位置信息规划行驶路径，最后执行车辆控制，实现自动驾驶

从技术开发的角度理解，常使用电气电子工程师学会（Institute of Electrical and Electronics Engineers，IEEE）对于产品需求的定义来解释需求，即系统或系统部件为了满足用户要求、合同、标准、规范或其他正式文档所规定的要求而需要具备的条件或能力的文档化表述。该定义强调了“需求”的两个不可分割的方面，一是需求是以用户为中心的，是与问题相联系的；二是需求要被清晰、明确地写在文档里。

1.2 需求管理的过程

我们已经了解了人工智能产品的需求的定义，接下来介绍人工智能产品需求管理的过程。对于人工智能产品来说，需求管理的工作目标是搭建用户与开发者之间有效沟通的“桥梁”，将用户对于产品的需求真实且有效地转换为开发者所设计的产品功能，从而保证产品的价值和可行性。从实现流程的角度来看，需求管理的过程可以分为需求获取、需求分析、需求表述以及需求验证 4 个环节。接下来进一步介绍这 4 个环节。

1.2.1 需求获取

人工智能产品的需求获取，指的是从使用者、企业、市场等方面获取用户对产品的需求。其主要目标是获得用户对于人工智能产品完整的需求，避免需求遗漏造成产品重要功能的“丢失”。常见的需求获取方法包括用户访谈法、问卷调查法、使用测试法和数据分析法 4 种。以下是 4 种方法的具体介绍。

- 用户访谈法是常用的方法。传统的用户访谈法主要采用面对面的形式，与被调研的用户直接进行一对一或一对多的沟通。随着通信技术的发展，用户访谈法可以通过电话、邮件、QQ、微信等方式获取用户的需求。

- 问卷调查法是一种能够在短时间内收集大量用户需求信息的需求获取方法。该方法主要通过互联网渠道，设计、发布需求问卷并让用户填写，然后通过统计用户反馈信息、量化数据等方式获取用户需求。
- 使用测试法是指在用户使用产品的过程中，通过观察用户遇到的问题，根据用户实际使用产品的行为来获取用户的实际使用需求。相比于用户访谈法与问卷调查法，使用测试法的操作难度更高，但获取到的需求更贴近用户的真实想法。
- 数据分析法指的是通过分析大量用户的真实数据，发现数据的特点，挖掘数据背后的用户需求的方法。如分析大量用户所欣赏的电影的数据，挖掘得到用户对于电影类型、时长等方面的偏好和需求。

1.2.2 需求分析

需求分析主要是将获取到的大量信息进行简化和筛选，目的是获取用户真实的需求。

人工智能产品的需求分析方法，继承与发展了传统产品的需求分析方法。但从本质上来说，其分析方法同传统产品的并无二致，都是为了不断提升用户体验及效率。目前，人工智能产品在某些细分领域的功能与作用日益凸显，但在更加复杂的社会环境中，人工智能产品即便拥有再强大的功能，也可能无法独当一面。因此，在面对复杂场景的情况下，只有通过正确的方法积极探索并分析需求，研发人员才能发现更有利的切入点，所研发的产品才能产生更大的效益。

1.2.3 需求表述

人工智能产品需求分析的结果可以视作用户对于产品较为真实的需求，而这些需求需要以可视化的形式进行表述，进而传达给人工智能产品的开发者，用以进行产品的设计和开发、制作。

常见的需求表述形式以文档为主。如图 1-1 所示，从商业运用的角度来看，需求文档可分为产品前景文档、用户需求文档和产品规格说明文档 3 种类型。

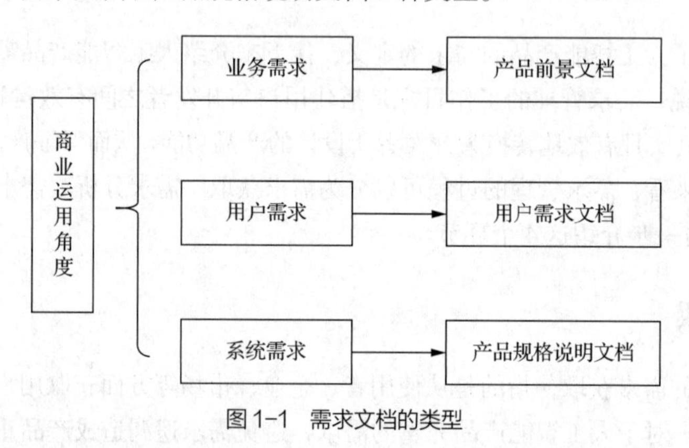

图 1-1　需求文档的类型

其中，产品前景文档主要围绕业务需求展开，其内容涉及市场分析、销售策略、盈利预测等。产品前景文档通常是供决策层讨论的演示文档，一般比较简短、精炼，没有产品细节。

用户需求文档主要围绕用户需求展开，主要描述在理想情形下，产品的使用方式以及需要提供给用户的界面。

产品规格说明文档主要围绕系统需求展开，该文档在用户需求文档的基础上，增加了用户对产品的非功能性需求描述。非功能性需求对产品的设计和实现提出了限制，非功能性需求如产品的性能、质量、外观等。

1.2.4 需求验证

需求验证的目的是尽可能地保证需求文档真实、有效地描述需求，以及能够有效地将需求传达给开发者。需求文档需要按照以下两个标准进行质量验证。

- 文档内的每条需求都真实、准确地反映了用户的意图。文档记录的需求集在整体上具有完整性和一致性。
- 文档的内容具有可读性和可修改性。

为了保证满足以上两个标准，在将需求文档传递给相关人员之前，需要对其进行严格的验证，保证其真实且准确。

1.3 需求文档的撰写

需求文档是产品需求主要的直观表述形式。在撰写需求文档的过程中，需要结合实际产品的类型、用户的意愿以及文档撰写人员的分析角度等因素对需求文档进行调整，因此需求文档的内容和格式并没有统一标准。但无论是以哪个角度进行分析，在需求文档中都应有 3 点核心内容，分别为产品需求、产品目标和产品功能。接下来进一步介绍这 3 点核心内容。

1.3.1 产品需求

在人工智能产品的需求分析过程中，常用 5W2H 分析法进行需求分析。

5W2H 分析法也叫七何分析法，是一种帮助产品开发人员更好地理解用户需求的思维方法。如图 1-2 所示，5W2H 分析法表示 5 个以 W 开头的英文单词和 2 个以 H 开头的英文单词和词组。5W 是指 Who（人员）、When（时间）、Where（地点）、Why（原因）和 What（对象），2H 是指 How（方法）和 How much（成本）。

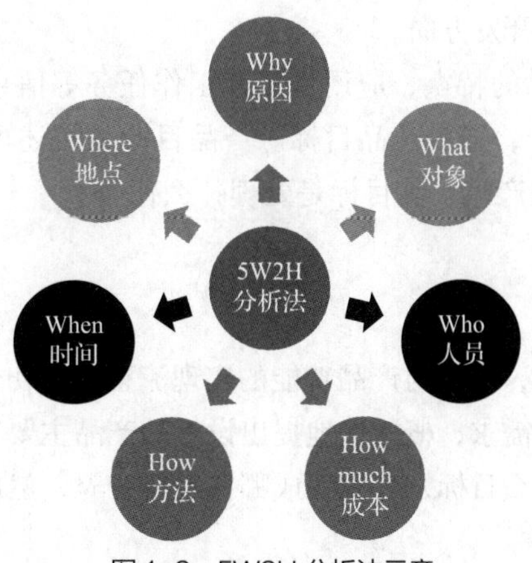

图 1-2 5W2H 分析法示意

5W2H 分析法主要从 7 个方向对产品需求进行设问，继而发现解决问题的线索，寻求创新和开发项目的思路，并进一步构思、设计产品，其具体的思考方向及思考内容如表 1-2 所示。

表1-2　5W2H分析法的思考方向及思考内容

思考方向	思考内容
原因（Why）	主要目的：了解为什么需要完成目标 常见问题：为何在这个时候？为何是这个问题？为何必须在这个时间、日期才能解决问题？……
对象（What）	主要目的：了解需要完成哪些事情 常见问题：什么是解决问题的必要条件？什么是解决问题的助力或者阻力？什么是解决问题的挑战？……
人员（Who）	主要目的：说明整个业务流程中所有涉及的相关人员 常见问题：谁与此问题最相关？谁可能解决此问题？……
时间（When）	主要目的：说明会在什么时间完成目标 常见问题：问题发生的时间、时段、期限是什么？解决问题的时间、时段、期限是什么？……
地点（Where）	主要目的：说明会在什么地点完成目标 常见问题：问题发生在哪个地点？问题覆盖的范畴有多大？解决问题的着力点在何处？……
方法（How）	主要目的：说明如何完成目标 常见问题：事情发生的经过是什么？事情发生的频率是什么？环境改变，事情本身如何变化？花多少时间才能解决问题？……
成本（How much）	主要目的：说明完成目标所需要花费的成本 常见问题：指标是什么？成本是多少？销售量是多少？……

如果现行的做法或产品已经经过这 7 个方向的审核和验证，便可认为这一做法或产品可取。如果对这 7 个方向的思考不能得到令人满意的答案，则表示该做法或产品还有改进余地。

1.3.2　产品目标

人工智能产品的需求分析活动会产生针对需求的产品目标，它指定人工智能产品开发需要完成的任务。

人工智能产品的主要目标是解决实际生活场景中的问题。明确人工智能产品的目标能够为产品开发人员提供清晰的设计和开发方向。

产品目标主要用于将产品的特点、应用场景和工作任务等信息告知开发人员。因此，需要针对产品需求进行提炼和总结，形成产品目标。产品目标的描述可参考以下思路：一种具有什么特点、能够用于什么场景的产品，其目标是处理什么任务。

1.3.3　产品功能

基于产品需求和产品目标，可以对产品功能的实现流程进行初步设计。需求文档中的产品功能部分主要结合产品的目标和需求，概括性地提出设想的产品主要功能和开发思路。产品功能的描述可参考以下思路：基于什么目标，首先完成哪些工作步骤，然后完成哪些工作步骤，最后完成哪些工作步骤，以实现该目标。

将产品需求、产品目标、产品功能 3 个部分的内容整合在一起，即需求文档的核心内容。

因为产品的开发是通过一个个的项目完成的，所以在实际描述产品功能时，也常常将产品分割为项目进行描述。因此，产品需求文档撰写过程中涉及的需求分析、目标明确、功能描述的方法，也同样适用于项目需求文档的撰写。

项目实施 | 撰写商品检测项目需求文档

1.4 实施思路

基于项目描述与知识准备内容的学习，我们已经基本了解了人工智能产品的需求分析。下面结合实际需求，使用 5W2H 分析法对“新零售”场景下的商品检测项目进行需求分析，并撰写该项目的需求文档，使读者进一步掌握具体的人工智能产品的需求分析方法。以下是本项目实施的步骤。

（1）使用 5W2H 分析法分析需求。

（2）明确产品目标。

（3）描述产品功能。

1.5 实施步骤

步骤 1：使用 5W2H 分析法分析需求

接下来将使用 5W2H 分析法对商品检测项目进行具体的需求分析，明确本项目的开发需求。

（1）首先需要回答原因（Why）方面的问题，如为什么要研发这个项目？为什么要解决这个问题？

客户的选择对于零售业来说是非常重要的，要想商品获得足够的关注，就要使商品在货架上得到充分的曝光。因此，商品检测就成了解决这个问题的关键。

（2）接下来从对象（What）、时间（When）、地点（Where）3 个方面开展设问，对商品检测项目进行需求分析，具体的分析如下。

① 什么是商品检测？

商品检测指的是通过某种方法或技术，实现对百货公司、大卖场、商超等销售场所的各类商品进行识别、检测，协助工作人员完善商品管理和销售的一种方式。一般情况下，一个商品检测模型，可支持识别商品基本信息，如陈列顺序、层数、场景，统计排面数量和占比，根据项目需求的不同，商品检测模型的对应功能也有所不同。

② 什么时候需要商品检测？

零售业的商家需要及时应对市场需求的变化，可通过将商品充分陈列以提高用户的购买率和体验感。而商品检测是解决货架商品缺失、摆放错位等问题的重要方法，因此商品检测需要频繁且规律地进行。

③ 哪里要用到商品检测？

如图 1-3 所示，商品检测适用于普通货架 / 货柜、无人货柜、智能结算台、地堆商品陈列等场景的商品陈列规范核查，也适用于堆箱、堆头、地龙等场景的商品陈列规范核查。其支持识别商品基本信息，支持可视化商品的数量和估算商品占地面积。

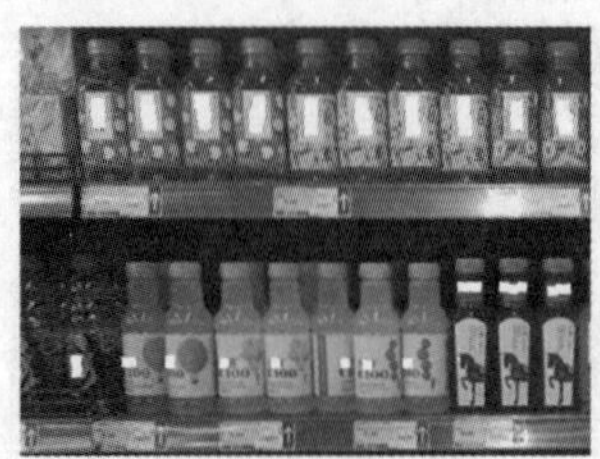

普通货架/货柜场景

无人货柜场景

智能结算台场景

地堆商品陈列场景

图 1-3 商品检测应用场景一览

（3）最后从人员（Who）、方法（How）以及成本（How much）3 个方面入手，探讨商品检测项目的可行性，具体分析如下。

① 对于人员（Who）问题，可以从项目涉及的使用人员和开发人员两个方面进行分析。

商品检测产品的使用人员为商铺员工，货架巡检工作往往是穿插在商铺员工的主要工作中进行的。因此商品检测产品除了需要具备一定的识别准确性，还需要具备操作简便、易使用的特点，降低商铺员工的使用门槛。

商品检测产品具备物体识别的功能，因此需要开发人员具备人工智能算法知识。在没有人工智能算法工程师的情况下，可以通过开放的人工智能开发平台（该平台可以提供大量的训练数据）调用对应的模型进行训练，从而得到能够准确识别物体的模型。

② 商品检测产品可以基于物体检测任务的方法（How）找出所有图像中的目标，即商品的类别与位置，实现对货架上的商品进行检测的任务。

③ 至于成本（How much）的问题，也是开发者和商家考虑的重要因素之一。在使用商品检测产品进行商品检测时，只需要使用手机、货柜等设备的摄像头对商品的陈列位置进行拍摄，即可识别货架摆放情况，节省人工成本的同时，避免了货架信息收集难和反馈时间过长的问题。

根据以上分析，即可整理出商品检测产品的需求思考方向和思考内容，如表 1-3 所示。

表1-3 商品检测产品的需求思考方向和思考内容

思考方向	思考内容
原因（Why）	客户的选择对于零售业来说是非常重要的，要想商品获得足够的关注，就要使商品在货架上得到充分的曝光。因此，商品检测就成了解决这个问题的关键
对象（What）	商品检测产品需要能够识别商品基本信息，如陈列顺序、层数、场景，统计排面数量和占比

续表

思考方向	思考内容
时间（When）	零售业的商家需要及时应对市场需求的变化，可通过将商品充分陈列以提高用户的购买率和体验感。而商品检测是解决货架商品缺失、摆放错位等问题的重要方法，因此商品检测需要频繁且规律地进行
地点（Where）	商品检测适用于普通货架 / 货柜、无人货柜、智能结算台、地堆商品陈列等场景的商品陈列规范核查，也适用于堆箱、堆头、地龙等场景的商品陈列规范核查。其支持识别商品基本信息，支持可视化商品数量和估算商品占地面积
人员（Who）	项目涉及的使用人员为商铺员工，涉及的开发人员需要具备人工智能算法知识。在没有人工智能算法工程师的情况下，可以通过开放的人工智能开发平台（该平台可以提供大量的训练数据）调用对应的模型进行训练，从而得到能够准确识别物体的模型
方法（How）	商品检测产品可以找出图像中目标的信息，包括商品的类别与位置，实现对货架上的商品进行检测的任务
成本（How much）	在使用商品检测产品进行商品检测时，只需要使用手机、货柜等设备的摄像头对商品的陈列位置进行拍摄，即可识别货架摆放情况，节省人工成本的同时，避免了货架信息收集难和反馈时间过长的问题

步骤 2：明确产品目标

根据使用 5W2H 分析法所得到的需求，可以提炼出产品目标。产品目标的描述主要是回答文档查阅者关于产品“有什么特点？在什么场景下能处理什么问题？”的疑问。商品检测产品的目标是以一种脱离人工的、高度智能化的、准确度高并且有实用价值的方法在零售场景下对商品进行自动检测，以规范货架、货柜、智能结算台等场景的商品陈列方式。

步骤 3：描述产品功能

基于需求和产品目标，可以对商品检测产品功能的实现流程进行初步设计。

产品功能的描述，主要是针对文档查阅者关于产品“怎么实现”的疑问，提出初步的解决思路。商品检测产品的主要功能是基于物体检测任务识别商品：首先准备大量的实际货架图像数据，接着通过算法工程师或者人工智能开发平台，如百度 EasyDL 零门槛 AI 开发平台，训练得到一个识别精准度较高的商品检测模型，最后使用手机或货柜等设备的摄像头对商品的陈列位置进行拍摄，找出图像中我们感兴趣的所有目标商品，确定它们的类别和位置，实现对货架上商品的检测。

将步骤 1 的产品需求、步骤 2 的产品目标和步骤 3 的产品功能进行整合，即得到需求文档的核心内容。

知识拓展

知识准备部分已经详细介绍了 5W2H 分析法，接下来介绍另一种在企业管理和技术开发活动中广泛应用的需求分析方法——6W2H 分析法。

6W2H 分析法又叫八何分析法，是在 5W2H 分析法的基础上增加了一项 Which（选择某件事或某一个方案）。

6W2H 分析法对于设定有效的目标、分析客户需求、制订工作计划等非常实用，还能用于提高效率，使工作有效进行。该方法包含选择（Which）、原因（Why）、对象（What）、人员（Who）、时间（When）、地点（Where）、方法（How）和成本（How much）共 8 部分，如图 1-4 所示。

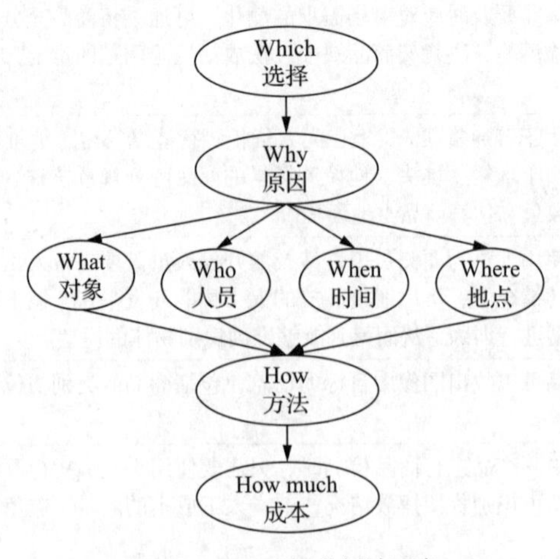

图 1-4　6W2H 分析法示意

无论是 5W2H 分析法还是 6W2H 分析法，都是通用的需求分析方法，这些方法被广泛应用于企业管理和技术开发活动中。虽然分析方法的类型有许多，但究其本质，都是为工作或决策提供思考框架或路线，有助于提高工作效率、提高工作的条理性。

课后实训

（1）从商业运用的角度理解，需求不包括以下哪一项？（　　）【单选题】

A．业务需求　B．功能需求　C．用户需求　D．系统需求

（2）需求获取的方法不包括以下哪一项？（　　）【多选题】

A．用户访谈法　B．问卷调查法　C．数据分析法　D．5W2H 分析法

（3）以下哪一项不属于需求管理的过程？（　　）【单选题】

A．需求获取　B．需求分析　C．需求表述　D．需求原型设计

（4）需求验证的标准不包括以下哪一项？（　　）【单选题】

A．准确性　B．非功能性　C．可读性　D．完整性

（5）5W2H 分析法不包括以下哪一项要素？（　　）【单选题】

A．原因（Why）　B．对象（What）　C．选择（Which）　D．方法（How）

项目 2 设计人工智能产品

随着人工智能技术的进步，人工智能产品逐步从简单地合成数据、提供有用的见解发展到能够独立行动、自主学习新任务。人工智能产品的更新和进步正在逐渐接近人们目前对于人工智能产品的期望的上限。如今对于人工智能产品的设计，不仅需要确保产品功能确实可行，还需要确保产品功能符合用户需求，可解决用户的实际问题。

项目目标

（1）了解人工智能产品发展趋势。
（2）熟悉人工智能产品设计流程。
（3）掌握人工智能产品功能结构图的绘制方法。
（4）能够根据业务需求完成产品功能设计。

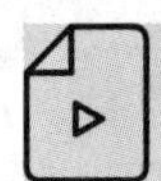

项目描述

本项目将以人工智能产品的特性作为切入点，介绍人工智能产品的设计流程。人工智能产品的设计流程包括需求管理、功能设计、原型设计、研发实施 4 个阶段。本项目将重点介绍功能设计阶段中功能结构图的绘制方法，最后通过商品检测项目帮助读者掌握人工智能产品的功能设计方法。

知识准备

2.1 人工智能产品的特性

在进行人工智能产品设计之前，首先需要了解人工智能产品的特性。传统的产品是指能够在行业市场中，被人们使用、消费并且能满足人们需求的任何事物，包括有形的物品和无形的服务。

传统产品的特性包括以下 3 点。

（1）商业性：即产品需要提供给市场，以服务用户。

（2）功能性：即产品能够被使用和消费，满足人们的某种需求。

（3）稳定性：即产品具有可量产、可复制的特性。

而人工智能产品是指使用人工智能技术开发，同时具备感知、学习、分析、决策和执行能力的产品。人工智能产品除了具备传统产品的 3 点特性外，还具备智能性，即基于人工智能技术，人工智能产品能自主处理信息并做出决策，实现相应功能以满足用户需求。

2.2 人工智能产品设计流程

了解了人工智能产品的特性后，我们该如何进行人工智能产品的设计呢？接下来介绍人工智能产品设计流程。

人工智能产品设计是指针对人工智能产品的架构和实施等过程进行设计，是产品实现商业化之前的一系列准备步骤。人工智能产品设计流程通常包括需求管理、功能设计、原型设计以及研发实施 4 个阶段。

2.2.1 需求管理

需求管理通常被称为产品设计的“零阶段”，需求指的是该产品的设计目的。这个阶段是对产品的应用情况进行判断，包括技术发展和市场目标评估。该阶段通常包含需求获取、需求分析、需求表述和需求验证 4 个工作任务。

2.2.2 功能设计

功能设计介于需求管理和原型设计之间，其输出结果是产品概念与产品功能结构的定义。功能设计阶段需要明确产品功能的类型，罗列并分解产品功能，最后将产品功能有机结合，形成功能结构图。

产品功能的类型一般可以按照用户的使用需求，分为基础功能、亮点功能、发展功能和非需求功能 4 种。

1. 基础功能

基础功能指的是产品为了满足用户主要需求而必须拥有的功能。例如，搜索引擎类型的产品，其基础功能是搜索功能；博客类型的产品，其基础功能是消息发布功能。

2. 亮点功能

亮点功能指的是在基础功能的基础上，侧重于满足用户的体验需求，给用户带来独特的体验感，让产品在众多竞品中脱颖而出的功能。例如，在搜索引擎类型的产品中，百度公司的搜索引擎使用基于字词结合的信息处理方式，解决了计算机对于中文信息的理解问题。

3. 发展功能

发展功能并不是指满足用户直接需求的功能，而是指针对预测出的用户需求来设计、实现的功能。

4. 非需求功能

非需求功能的主要特征是，这类功能在需求分析和产品设计时并未涉及，而是在产品发布后逐渐完善产品功能的过程中添加的。这类功能需要及时实现和上线，才能让用户满意。

产品总体的功能或用途称为产品的总功能，而产品的总功能往往可以分解为许多分功能，以支撑总功能的实现。同样，各分功能又可进一步分解为若干二级分功能，如此继续，直至产品总功能被分解为不可再分解的功能单元。如人脸识别门锁产品中，人脸识别开锁为产品的总功能，该总功能可分解为人脸识别功能和开锁功能。进一步地，人脸识别功能又可分解为人脸图像采集、人脸特征提取和人脸识别对比等二级分功能。

即使已经被分解为功能单元，产品的分功能和功能单元之间也还是存在相互关联的。在人工智能产品设计中，用来描述产品的分功能和功能单元之间的相互关系的图，被称为功能结构图。

产品的功能结构图能够直观地呈现出产品的所有功能，以及功能与功能之间的关系。如表 2-1 所示，产品的功能结构图中的元素主要包括 3 种。

（1）功能，即产品使用过程中涉及的功能，常用矩形表示。

（2）功能间关系，即功能与功能之间的逻辑关系，常用单向箭头表示。

（3）判断条件，即触发产品功能的前置条件，常用菱形表示。

表2-1　功能结构图中的元素

元素	图形	命名规范
功能	矩形	名词或动宾短语
功能间关系	单向箭头	—
判断条件	菱形	“是”或“否”的判断

产品功能结构图的绘制可分为以下 3 步。

1. 罗列产品的所有功能

在功能设计阶段，需要先用线框标识出产品涉及的功能。从初次使用产品开始，产品的功能使用会有多种“走向”，所涉及的功能都需要标识出来。图 2-1 所示为证件审核产品的所有功能，其功能主要涉及证件申请发布、证件申请待审和拒绝证件申请 3 种证件申请情况，以及机器图像审核和人工图像审核 2 种证件审核方式。

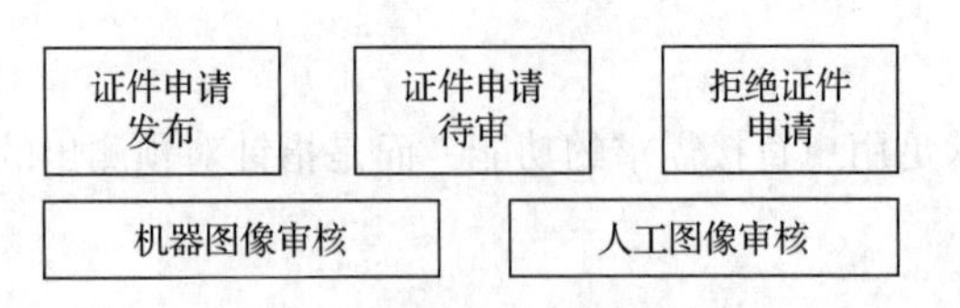

图 2-1　证件审核产品的所有功能

2. 用有向箭头进行关联

罗列出产品的所有功能之后，需要按照产品功能间的逻辑关系，使用有向箭头将产品的功能联系起来，以此表示产品各功能之间的关系，如图 2-2 所示。图 2-2 中箭头的方向表示产品功能的使用步骤。

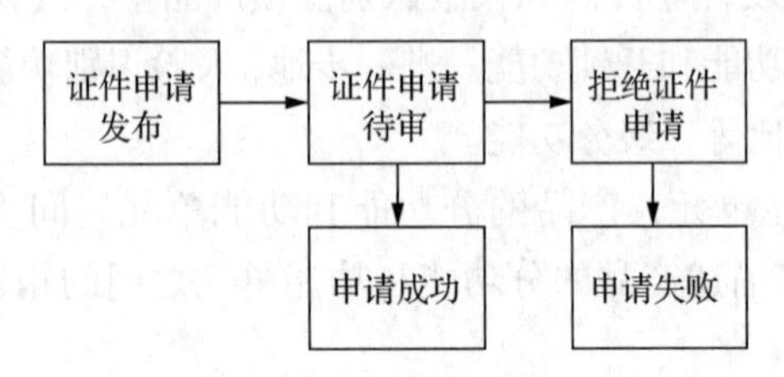

图 2-2　功能间关系表示方法

3. 增加判断条件

在人工智能产品中，很多功能并不会在刚开始就被触发，这部分功能的触发存在前置条件。因此需要增加判断条件，使用有向箭头并辅以文字的形式表示触发这部分功能的前置条件。

常见的判断条件有选择、循环两种逻辑结构，如图 2-3 所示。

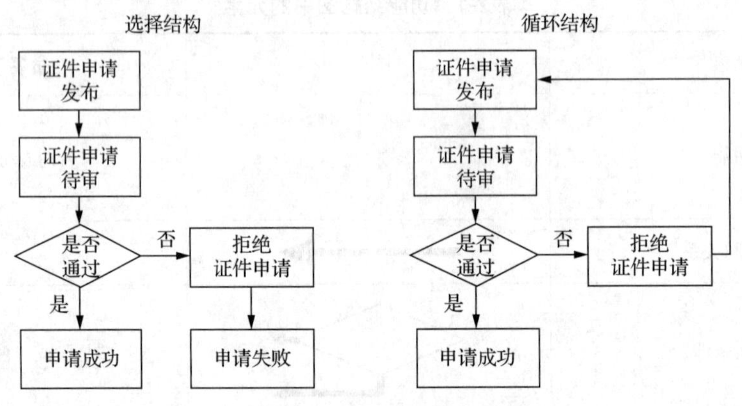

图 2-3　常见的判断条件

2.2.3　原型设计

构建完产品功能结构图之后，接下来需要按照功能结构图进行产品原型设计。

产品原型设计阶段的本质是针对使用场景，结合产品功能，输出产品原型图和对应的场景解决方案。其中，产品原型图一般是一些简单的图形，能够表达产品最基本的使用方法，并能模拟产品的使用场景。根据产品原型图对于产品细节和功能的还原程度的不同，可以将产品原型图分为低保真原型图和高保真原型图。

1. 低保真原型图

低保真原型图能够将产品的设计概念转换为直观的图形进行表示，通过模拟产品的使用流程来展现产品的特点和系统功能。

低保真原型图大部分是绘制在白纸上的手绘草稿或简单的线框图，如图 2-4 所示。低保真原型图的优势在于能够快速地进行设计、制作，并且设计成本低，能够结合需求的更新随时进行修改。

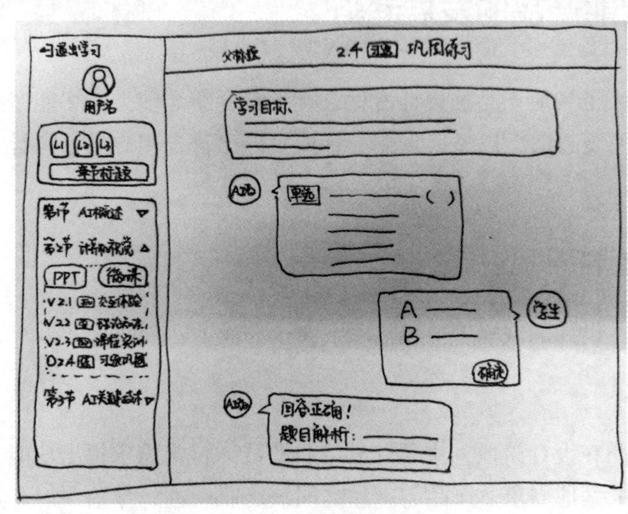

图 2-4 低保真原型图

2. 高保真原型图

与低保真原型图相比，高保真原型图则强调功能性与互动性，能够充分展示产品的功能、界面和使用流程。目前普遍流行使用墨刀、Axure RP 等产品原型设计工具来进行高保真原型图的制作。

如图 2-5 所示，高保真原型图中的模块、按钮、标签，甚至是文案等设计元素，都将使用在真实的产品中。

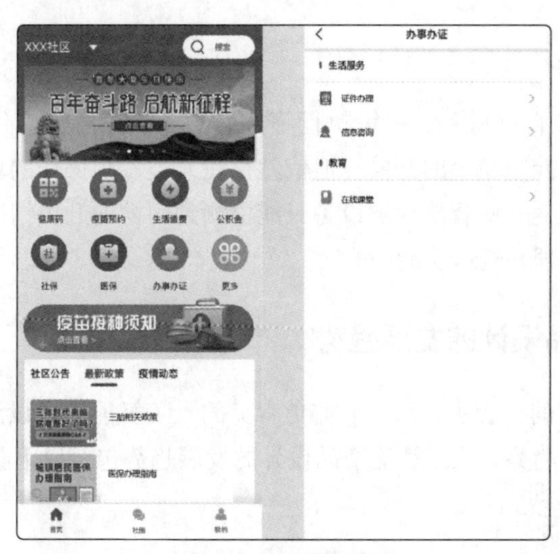

图 2-5 高保真原型图

相比于低保真原型图，高保真原型图更逼近真实的产品，其能够与测试的参与者进行交互，有利于获取接近真实产品的使用感受和意见反馈。但高保真原型图的制作时间更长，设计成本也更高。

2.2.4 研发实施

研发实施是产品的制作和测试阶段。该阶段需要产品负责人的持续跟进，以确保产品解决方案的质量。研发实施阶段中的人工智能模型的开发流程与方法将在项目 3 中详细讲解。

2.3 人工智能产品的发展趋势

我们已经了解了人工智能产品的设计流程，接下来介绍当前人工智能产品设计的缺陷，以及人工智能产品设计的发展趋势，以便读者能更好地设计出符合用户需求和行业发展趋势的人工智能产品。

2.3.1 当前人工智能产品设计的缺陷

当前人工智能产品设计的缺陷主要包括以下 3 个方面。

1. 产品功能单一

当前人工智能产品在设计阶段，主要针对用户的某一特定需求提出功能方案，导致产品无法满足用户日常场景中的其他需求。产品与产品之间缺乏联动性，导致用户在日常生活中需要频繁切换使用不同产品。

2. 使用门槛高

目前市场上的人工智能产品设计较为复杂，导致产品的使用门槛较高；对部分用户而言，学习成本较高。例如，当前的人工智能产品主要通过手机等设备中的应用程序对其进行控制。但是对于老年人来说，学习人工智能产品和应用程序的使用方法存在一定的困难，因此这部分用户可能无法使用该产品。

3. 产品功能有待优化

当前人工智能产品在自助服务、决策执行等方面的功能还有待优化。例如，在智能家居场景中，可以实现通过语音控制窗帘的开关。但依然存在人类参与操作的环节，产品无法自主提供服务；在家庭安防系统中，一些智能检测设备只能检测到门窗的开关情况并进行反馈，却不具备安防领域中重要的危机处理和规避功能。

2.3.2 人工智能产品设计的发展趋势

在人工智能产品设计的过程中，除了要避免常见的人工智能产品设计缺陷，还要使产品符合人工智能产品设计的发展趋势。人工智能产品设计的发展趋势包括以下 2 个方向。

1. 产品使用门槛降低

降低人工智能产品的使用门槛，能够降低人工智能产品使用过程中人类的参与程度。如自动驾驶汽车能够自主完成启动、停止、避让和通行等工作，可基本完成驾驶员的工作任务。

2. 多技术融合

随着新的信息科学技术的不断兴起和发展，人工智能产品并不仅仅局限于机器学习、计算机视觉和自然语言处理等人工智能技术。将5G、大数据、云计算和区块链等新技术与人工智能技术进行融合，设计出的新产品往往能够给用户带来惊喜。例如，5G和人工智能技术的融合，为自动驾驶场景提供了稳定、可靠的解决方案：通过5G技术实时收集和共享道路、环境以及其他车辆的数据，通过人工智能技术进行分析和决策，帮助汽车识别周边环境并做出反应。人工智能技术的应用赋予了自动驾驶汽车适应突发情况的能力，极大地提高了自动驾驶汽车的安全性。

项目实施 | 商品检测项目设计

2.4 实施思路

基于对项目描述与知识准备内容的学习，我们已经基本了解了人工智能产品设计的基本流程。下面以商品检测项目为例，通过百度公司的EasyDL平台辅助项目开发，解析该项目的功能设计流程，绘制功能结构图。以下是本项目实施的步骤。

（1）分析商品检测需求。

（2）罗列项目所有功能。

（3）关联项目相关功能。

（4）添加判断条件。

2.5 实施步骤

步骤1：分析商品检测需求

对于快消行业的品牌商而言，线下门店的销量是商品总销量的重要组成部分。因此，品牌商需要不断优化策略以提高线下门店的产品销量。其中，洞察和优化商品在线下门店的陈列表现成了提高销量的重要手段之一。

在衡量商品陈列表现时，对于不同位置和不同品类的商品有不同的衡量维度和侧重点。例如，对于货架陈列而言，商品排面数量、货架占比和陈列位置是常见的衡量要素；对于冰柜陈列而言，冰柜的纯净度和饱和度则非常重要。

然而面对精细化的指标和越来越丰富的商品品类，传统人工稽查的方式速度慢、准确率低，难以满足行业日益增长的需求。同时会导致商品稽核的成本增高。

针对这一诉求，百度EasyDL平台推出了EasyDL零售行业版，可帮助品牌商快速实现在终端运行所需的AI模型。

因此商品检测项目需要能够依据快消品品牌商开展的陈列活动的要求，搜集图像样本，使用百度公司提供的定制化图像识别模型、多种算法组件及训练模板，实现用少量样本数据训练出精准模型，以快速、准确地识别目标图像是否合格，解决目前传统稽核方式的高成本及低准确率问题。

步骤 2：罗列项目所有功能

了解了商品检测项目的需求后，接下来需要进行功能设计。首先需要罗列项目的所有功能。在商品检测项目中，首先终端用户能够通过移动应用端上传商品陈列视频，然后平台把视频文件切片为图像文件，最后用户调用百度 AI 定制化图像识别接口（简称百度 AI 接口）来识别目标图像是否满足要求。

因此这个项目需要具备以下 4 个功能。

（1）能够将移动应用端录制的商品陈列视频上传至百度 EasyDL 平台。

（2）能够进行视频文件切片和图像预处理，即将录制的商品陈列视频数据处理成高质量的计算机能识别的图像数据。

（3）能够稳定调用百度 AI 定制化图像识别接口。

（4）能够识别图像内容信息并返回识别结果。

项目主要功能如图 2-6 所示。其中，图像识别的功能并不是固定不变的，可以根据实际需求对其进行定制化模型设计。

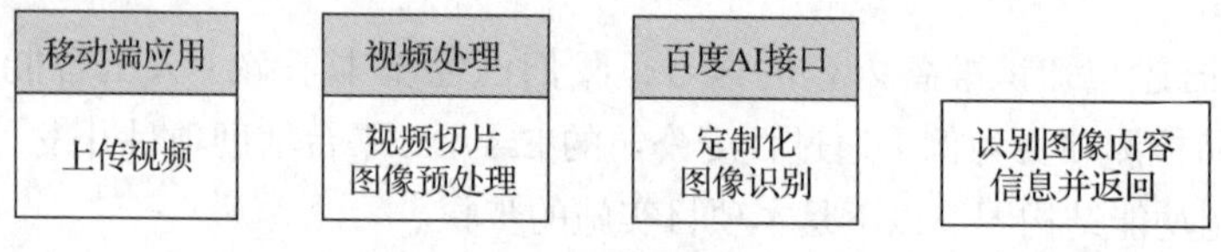

图 2-6　商品检测项目主要功能

图像识别功能可以拆解为以下 5 个二级分功能，如图 2-7 所示。

（1）能够根据品牌商开展的陈列活动的要求采集样本。其中，样本可分为正样本（属于检测类别的样本，在本项目中指货架上的商品）和负样本（不属于检测类别的样本，在本项目中指货架上的销售标签等）。

（2）能够将样本上传至百度 EasyDL 平台。

（3）能够在百度定制识别模型中进行样本训练。

（4）因为百度 EasyDL 平台要求模型需要上线才能调用，所以需要将训练好的商品检测模型在百度 EasyDL 平台中上线。

（5）初次用来训练模型的数据量往往不足以满足变化万千的实际需求。因此设计的项目需要能够将识别过的图像进行分类，并将图像自动加入正、负样本库，不断补充到定制模型中，持续提高项目的精准度。

图 2-7　图像识别功能拆解

步骤 3：关联项目相关功能

分析完项目所需要的功能后，接下来将这些功能进行有机关联。

商品检测项目的功能关联如图 2-8 所示。用户可以通过移动应用端将商品陈列的情况以视频的形式进行上传，然后在百度 EasyDL 平台进行视频文件切片和图像预处理工作，得到商品陈列的图像数据，接着调用百度 AI 定制化图像识别接口识别商品陈列情况，最终识别图像内容信息并返回识别结果。

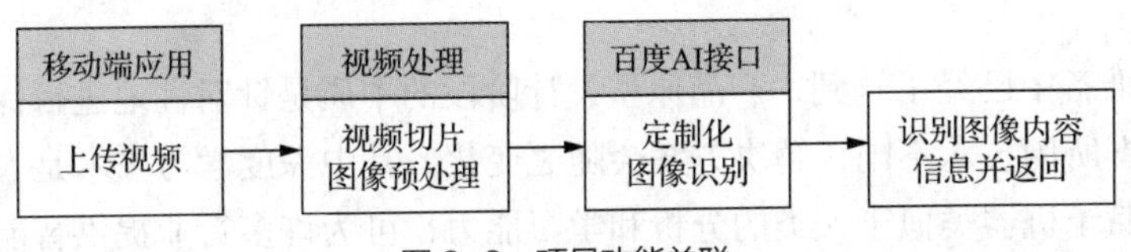

图 2-8 项目功能关联

对于商品检测来说，因为识别的结果也将被重新引入样本的训练数据中，所以整个功能的流程应该是一个闭环。如图 2-9 所示，首先将初次采集的样本按检测需求进行正、负样本分类，然后将分类好的样本数据上传至百度 EasyDL 平台中。接着在百度 EasyDL 平台中用这些正、负样本数据进行样本训练，最后将具有一定准确性的模型上线，以便在商品识别检测时通过接口调用此模型以识别图像内容信息，并根据识别结果将样本添加到对应的正、负样本库中，形成功能闭环。

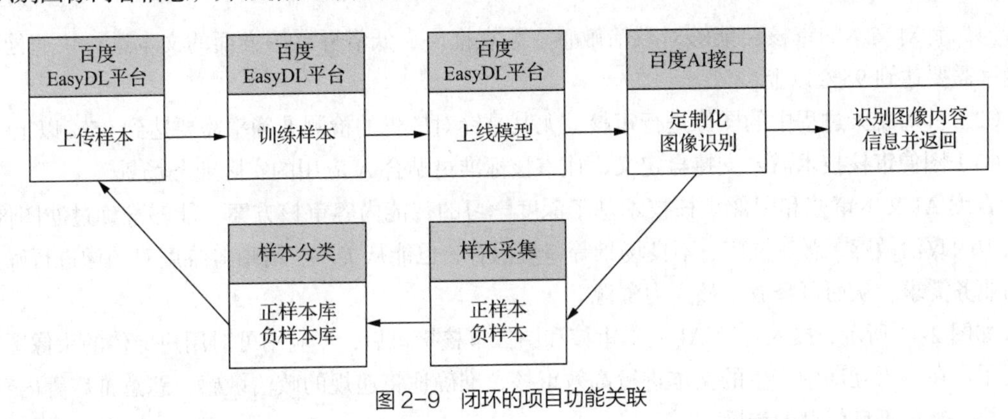

图 2-9 闭环的项目功能关联

步骤 4：添加判断条件

关联好项目相关功能后，还需要梳理清楚功能触发前的判断条件，才能绘制正确的项目功能结构图。在商品检测项目的样本训练和识别中，因为识别过的图像数据将被重新归入样本数据集，并补充到定制模型中，所以需要将识别过的图像数据进行分类。而将这些图像数据分类的触发条件是判断识别过的图像属于正样本还是负样本，因此需要添加具备判断功能的选择结构进行条件判断。最终得到的定制化图像识别功能结构图如图 2-10 所示。

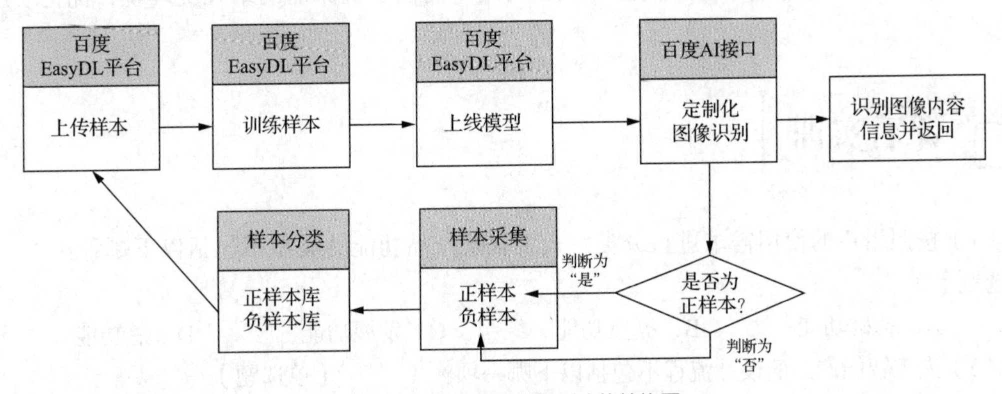

图 2-10 定制化图像识别功能结构图

知识拓展

我们在知识准备中已经了解到，产品原型设计阶段的本质是针对性地进行探索和提出有效的解决方案。但根据所用技术不同，解决方案会随之变化。其中深度学习技术是人工智能行业的热门技术，它通过赋予机器类似于人类的分析和学习能力，可为许多行业提供智能且高效的解决方案。接下来，我们将从社交应用行业进行切入，了解深度学习技术如何为社交应用行业中的内容审核提供解决方案。

在社交应用行业中，内容审核是该行业的一个痛点。低俗信息、恶意广告等不良信息的出现会导致产品的用户体验变差。国内某社交应用（以下简称为A应用）拥有千万级数量的注册用户，为了保障良好的用户体验，提升内容审核的工作效率，A应用对审核技术的诉求如下。

（1）针对文本的审核要能够对政治敏感、恶意推广、低俗辱骂等方面的文本进行快速处理，准确率需要达到95%以上。

（2）针对聊天过程中的图像进行审核，尤其是针对广告的检测准确率需要达到95%以上。

（3）图像审核技术需要支持自定义，让审核标准更贴合A应用的实际业务场景。

百度AI文本审核和图像审核技术基于深度学习的智能内容审核方案，能够准确过滤图像和视频中的政治敏感、恶意推广、不良场景等违规内容，也能从美观、清晰等维度对图像进行筛选，紧贴业务需求，从而可释放审核人力资源。

如图2-11所示，接入百度AI文本审核和图像审核接口后，A应用可对用户上传的头像图像，以及用户在聊天互动中产生的文本进行高效审核，准确地将违规的政治敏感、恶意推广等内容进行过滤，避免不良信息的传播。

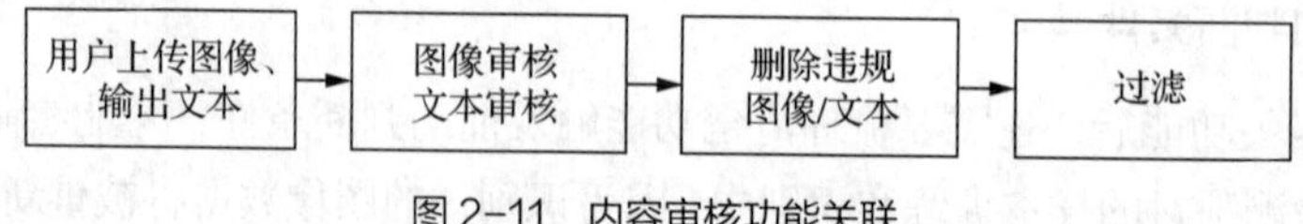

图2-11 内容审核功能关联

通过使用百度AI文本审核和图像审核技术，A应用将内容审核的效率提高了90%，节省了大量人力成本和时间成本。此外，A应用通过图像审核技术实现了百万张头像图像的检测审核，并且A应用中的广告检测准确率高达99%，为用户提供了健康的网络社交环境，优化了用户体验。

课后实训

（1）按照用户的使用需求进行分类，人工智能产品功能的类型不包括以下哪种？（ ）【单选题】

A．基础功能　　B．亮点功能　　C．发展功能　　D．总功能

（2）人工智能产品的设计流程不包括以下哪一项？（ ）【单选题】

A．需求管理　　B．功能设计　　C．系统设计　　D．原型设计

（3）人工智能产品的功能结构图的主要元素不包括（　　）。【单选题】

A．功能　　B．功能间关系　　C．判断条件　　D．使用效果

（4）人工智能产品功能结构图的绘制方法不包括（　　）。【单选题】

A．罗列所有功能　　B．拆解所有功能

C．用有向箭头进行关联　　D．添加判断条件

（5）关于高保真原型图的描述，以下哪项是错误的？（　　）【单选题】

A．设计周期短，成本较低

B．设计内容逼近真实产品

C．可用交互进行关联

D．能够展示产品功能、界面元素、使用流程

项目3 人工智能开发平台应用

03

人工智能开发的基本流程通常包括需求分析、数据准备、模型训练、模型应用4个步骤。而模型构建与训练对于部分有定制模型需求的企业来说较难以实现，因为大部分中小企业并不具备专业的算法开发能力，真正懂人工智能、拥有丰富模型训练经验的人才寥寥无几。针对上述情况，部分拥有顶尖人工智能技术的头部企业开放技术框架、工程工具、平台、接口等，通过开放简易的人工智能开发工具或平台等方式，将技术公开给企业或个人开发者使用，从而降低了人工智能的入门门槛，推动高水平科技自立自强。

项目目标

（1）了解相关的人工智能开发平台的功能。
（2）掌握人工智能开发平台的应用流程。
（3）掌握深度学习模型定制平台的业务操作方法。
（4）能够针对业务需求配置合适的人工智能开发平台。

项目描述

本项目首先介绍人工智能开发平台中的智能数据服务平台和深度学习模型定制平台，接着介绍通过人工智能开发平台开发应用的方法，最后介绍通过 EasyDL 平台开展商品检测，帮助读者掌握人工智能开发平台的业务操作方法。

知识准备

3.1 人工智能开发平台简介

目前，市面上的人工智能开发平台较多，其中包括百度 AI 开放平台、讯飞开放平台等。其中百度 AI 开放平台是较为典型的人工智能开发平台。接下来以百度 AI 开放平台中的智能数据服务平台和深度学习模型定制平台为例，介绍平台的相关功能。

3.1.1 智能数据服务平台

EasyData 平台是百度大脑推出的智能数据服务平台，面向各行各业有人工智能开发需求的企业用户及开发者提供一站式数据服务工具。该平台主要围绕人工智能开发过程中所需要的数据采集、数据清洗、数据标注等业务需求提供完整的数据服务。目前 EasyData 平台已经支持图像、文本、音频、视频 4 类基础数据的标注，也初步支持机器学习数据的存储。同时，EasyData 平台已与 EasyDL 平台打通，可以将 EasyData 平台处理的数据应用于 EasyDL 平台的模型训练。图 3-1 所示为 EasyData 智能数据服务平台界面。

图 3-1　EasyData 智能数据服务平台界面

EasyData 智能数据服务平台主要提供数据采集、数据清洗、数据标注等数据服务，以下简要介绍这 3 个服务。

1. 数据采集

目前，EasyData 平台可提供两种数据采集方案，如图 3-2 所示，第一种是通过摄像头采集图像数据；第二种是通过云服务数据回流采集数据。

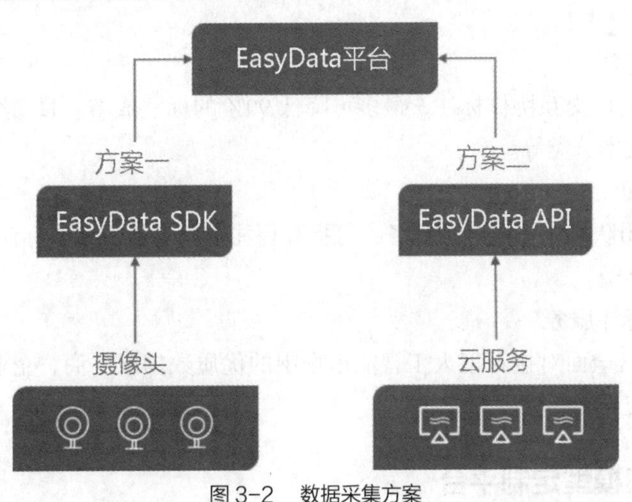

图 3-2　数据采集方案

（1）通过摄像头采集图像数据

该方案需使用本地采集设备，支持定时拍照、视频抽帧（支持自定义抽帧规则）等多种采集方式，并将图像即时同步到 EasyData 平台进行管理。

（2）通过云服务数据回流采集数据

人工智能模型训练后可能需要持续迭代和优化模型效果，可以通过调用 EasyDL 云服务接口并开通该采集服务，将实际业务数据及识别结果可视化，根据识别结果准确度有效挖掘难例，获取对模型优化更有助益的高质量数据。

2. 数据清洗

在图像数据处理方面，EasyData 平台支持以下 4 种数据清洗策略。

- 图像去模糊：过滤清晰度较低的图像，保证数据质量。
- 图像去重：过滤大量重复的图像，提高关键图像处理效率。
- 图像批量裁剪：批量裁剪图像中的无关元素，提升数据质量。
- 图像旋转：校正采集图像的角度，方便进行下一步的处理。

在文本数据处理方面，EasyData 平台支持以下 3 种数据清洗策略。

- 去除表情符号：去掉清洗前文本中的表情等符号。
- 去除 URL（Uniform Resource Locator，统一资源定位符）：去除文本数据中的网页链接。
- 繁体转简体：将文本中的繁体字转为简体字，通常情况下使用简体字可以取得更好的模型效果。

3. 数据标注

目前，EasyData 平台支持图像、文本、音频、视频 4 类基础数据的标注，还支持智能标注、多人标注等方式，可提高标注效率。以下是 EasyData 平台的数据标注功能的详细介绍。

（1）预置丰富的标注模板

- 图像：图像分类、物体检测、图像分割。
- 文本：文本分类、短文本相似度分析、情感倾向分析、文本实体抽取。
- 音频：音频分类。
- 视频：视频分类。

（2）支持智能标注

智能标注支持人机交互协作标注，最多可降低 90% 的标注成本。目前智能标注已支持物体检测、图像分割、文本分类等。

（3）支持多人标注

多人标注通过团队协作完成标注任务，可提高标注效率。目前多人标注已支持图像、文本、音频、视频等数据类型。

（4）提供数据标注服务

EasyData 平台已全面对接百度人工智能市场中的优质数据服务商，企业可以通过 EasyData 平台面向服务商提交详细的标注需求。

3.1.2 深度学习模型定制平台

EasyDL 深度学习模型定制平台是百度大脑推出的零门槛人工智能开发平台，面向各行各业有定制人工智能应用的需求、零算法基础或者追求高效率开发人工智能应用的企业用户。它支持包括数据管理、模型构建、模型部署与应用在内的一站式人工智能应用开发流程。原始图像、文本、音频、视频等数据，经过 EasyDL 平台加工、学习、部署，可通过公有云应用程序接口（Application Programming Interface，API）调用，或部署在本地服务器、小型设备、软硬一体方案的专项适配硬件上，通过软件开发工具包（Software Development Kit，SDK）或 API 进行进一步集成。图 3-3 所示为 EasyDL 平台一站式开发流程。

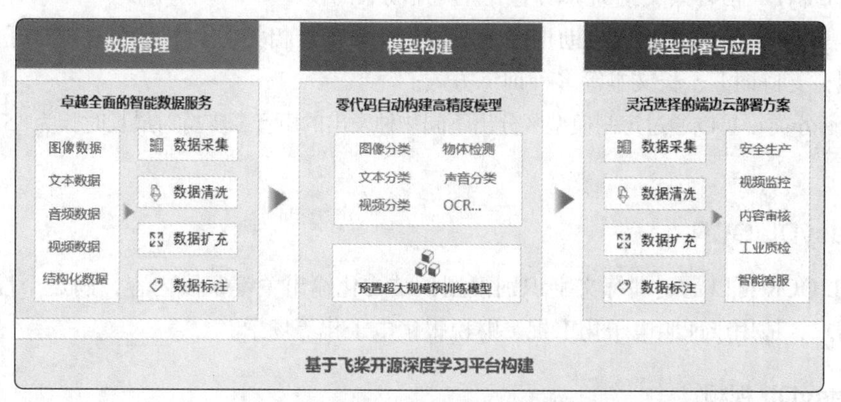

图 3-3 EasyDL 平台一站式开发流程

EasyDL 平台根据不同目标客户的应用场景及深度学习的技术方向，开发了以下 7 个模型类型。

1. EasyDL 图像

EasyDL 图像可定制基于图像进行多样化分析的人工智能模型，实现图像内容理解分类、图中物体检测定位等，适用于图像内容检索、安防监控、工业质检等场景。

目前，EasyDL 图像共支持训练以下 3 种不同应用场景的模型。

- 图像分类：该模型可以识别图中的主体是否属于某类物体、状态或场景，适用于识别图像中主体单一的场景。
- 物体检测：在一张图包含多个物体的情况下，可定制该模型用于识别图像中每个物体的位置、数量、名称，适用于识别图像中有多个主体的场景。
- 图像分割：对比物体检测，该模型支持用多边形标注训练数据，可像素级识别目标，适用于图中有多个主体、需识别其位置或轮廓的场景。

2. EasyDL 文本

EasyDL 文本基于百度文心领先的语义理解技术，提供一整套自然语言处理定制与应用功能，可广泛应用于各种自然语言处理场景。

目前，EasyDL 文本共支持训练以下 5 种不同应用场景的模型。

- 文本分类－单标签：定制分类标签实现文本内容的自动分类，每个文本仅属于一种标签类型。
- 文本分类－多标签：定制分类标签实现文本内容的自动分类，每个文本可同时属于多个分类标签。
- 短文本相似度：可以将两个短文本进行语义对比计算，从而获得两个短文本的相似度值。
- 文本实体抽取：可实现从文本中抽取内容，并将抽取内容识别为自定义的类别标签。
- 情感倾向分析：对包含主观信息的文本进行情感极性判断，情感极性分为积极、消极、中性。

3. EasyDL 语音

EasyDL 语音可以定制语音识别模型，可精准识别业务专有名词，适用于数据采集和录入、呼叫中心等场景；还可以定制声音分类模型，用于区分不同声音类别。

目前，EasyDL 语音共支持训练以下 2 种应用场景的模型。

- 语音识别：支持零代码自助训练，上传与业务场景相关的文本训练语料即可自助训练语音识别模型，支持词汇、长文本等多种训练方式。
- 声音分类：可以通过定制模型区分出不同物种发出的声音，支持对最长时长为 15 秒的音频进行处理。

4. EasyDL OCR

EasyDL OCR 可以定制训练文字识别模型，结构化输出关键字段内容，满足个性化卡、证、票据识别需求，适用于证照电子化审批、财税报销电子化等场景。

5. EasyDL 视频

EasyDL 视频是针对视频内容识别推出的一个定制化训练模型，适用于视频内容审核、人流或车流统计、养殖场牲畜移动轨迹分析等场景。

目前，EasyDL 视频共支持训练以下 2 种应用场景的模型。

- 视频分类：可以用于分析短视频的内容，识别出视频内人物做的是什么动作，视频中的物体或环境发生了什么变化等。
- 目标跟踪：对视频流中的特定运动对象进行检测识别，获取目标的运动参数，从而实现对后续视频帧中该对象的运动预测（轨迹、速度等的预测），实现对运动目标的行为理解。

6. EasyDL 结构化数据

EasyDL 结构化数据可以挖掘数据中隐藏的模式，解决二分类、多分类、回归等方面的问题，适用于客户流失预测、欺诈检测、价格预测等场景。

目前，EasyDL 结构化数据共支持训练以下 2 种应用场景的模型。

- 表格数据预测：通过机器学习技术从表格化数据中发现潜在规律，从而创建机器学习模型，并基于机器学习模型处理新的数据，为业务应用生成预测结果。
- 时序预测：通过机器学习技术从历史数据中发现潜在规律，从而对未来的变化趋势进行预测。

7. EasyDL 零售行业版

EasyDL 零售行业版是 EasyDL 针对零售场景推出的行业版模型，专门面向零售场景的零售行业服务商等企业用户，提供针对商品识别场景的人工智能服务获取方案，支持面向货架巡检、自助结算台、无人零售柜等商品检测场景。

目前，EasyDL 零售行业版提供以下 4 种服务。

- 定制商品检测服务：支持 4 种功能，包括商品基本信息识别、商品陈列层数识别、商品陈列场景识别和商品排面占比统计。定制商品检测服务适用于识别货架中的商品信息、商品数量和陈列顺序等，可用于辅助货架商品陈列合规检查，如检查铺货率、陈列情况等。
- 标准商品检测服务：目前已支持检测 5 个饮品品牌共计 122 种饮品类商品，其他品类和数量还在持续扩充中，适用于货架合规性检查场景。该服务接口会返回商品的名称及商品在图像中的位置。

- 货架拼接服务：基于百度 EasyDL 深度学习算法，支持将多个货架局部图像组合为完整货架图像。同时，支持输出在完整货架图像中的商品检测结果，包含存货单位（Stock Keeping Unit，SKU）的名称和数量，适用于需要在长货架进行商品检测的业务场景。
- 翻拍识别服务：能够识别出通过手机翻拍的商品陈列图像，例如商品货架陈列图像和地堆商品陈列图像，可降低人工审核的人力成本，并能高效审核零售业务中通过翻拍原有图像来造假的图像。

3.2 人工智能开发流程

人工智能开发的基本流程通常可以归纳为 4 个步骤，即需求分析、数据准备、模型训练和模型应用。在这几个步骤中，开发者都可以使用人工智能开发平台进行快速开发。接下来以商品检测项目为例，详细解析人工智能开发平台的业务操作方法。

3.2.1 需求分析

在项目需求方面，为了在庞大的线下终端中赢得消费者的选择，明确如何通过货架陈列“争夺”商品在货架上展示的位置和比例，使商品的视觉呈现效果更能吸引消费者购买商品，成为快消企业终端竞争的重中之重。然而，在门店实际进行生动化陈列的过程中，经常会出现执行不到位的情况，如缺少必销品或重点商品、新品陈列没有占据醒目位置，排面靠后或被竞品“压制”、摆放不整齐、生动化物料没有展示出来等情况屡见不鲜。当货架缺货的情况发生时，品牌商可能会失去约 46% 的购买者，而零售商可能会失去约 30% 的购买者。因此，要实现线下终端的高效管控，可以从人工智能技术入手，利用人工智能商品识别技术辅助人工完成商品的陈列审查，优化货架陈列执行效果和提高效率。

在项目任务方面，通过对需求的分析，我们需要基于目标检测任务找出图像中我们感兴趣的所有目标（商品），确定它们的类别和位置，实现对货架上的商品进行检测。因此，基于对智能数据服务平台和深度学习模型定制平台的了解，我们可以直接采用 EasyDL 零售行业版，零编程定制人工智能模型，实现商品检测项目。

3.2.2 数据准备

数据准备主要是指收集和预处理数据的过程，这是人工智能开发的基础。通过上述分析确定业务需求后，数据准备阶段需要有目的地收集、整合相关数据。在本项目中，需要收集对应的 SKU 单品图和实景图。

SKU 单品图指的是单个商品的图像，不是模型训练必需的数据。SKU 单品图的作用是合成实景图，连同手工标注的实景图一起用于训练，降低实景图（训练数据）的采集和标注成本。为了让模型能够完整地识别一个商品，需要在训练的图像中出现这个商品各个角度的图像。这意味着需要从实际业务场景中采集大量的图像，并且进行大量的标注工作。为了降低这部分工作的成本，可通过数据合成和增强技术，为商品上传各个角度的 SKU 单品图，且无须对其进行任何标注，即可让模型学习到这个商品各个角度的图像。如果不上传 SKU 单品图，将会导致模型的识别效果变差。

实景图是模型训练需要用到的训练数据，需要开发者从真实的业务场景中采集。

以下详细介绍如何按照数据采集、数据处理和数据标注 3 个步骤进行数据准备。

1. 数据采集

采集单品图数据时，需要注意对于图像内容、清晰度、拍摄角度和数据量的要求。采集实景图数据时，除了需要注意对于图像内容、清晰度、拍摄角度和数据量的要求，还需要注意对于采集设备的要求。接下来详细介绍单品图和实景图的采集要求。

（1）单品图

① 图像内容。

深度学习模型定制平台上预置了 100 余种饮品类商品及 2100 余种日化类商品的图像，每个预置的商品已匹配 50 张左右的各角度的 SKU 单品图，绝大多数情况下用户无须再自行上传 SKU 单品图，可根据训练结果补齐识别效果不好的 SKU 单品图。SKU 单品图的具体图像内容要求如下。

- 商品数量：图像上仅可出现一个商品。
- 光照：需覆盖到实际检测场景中商品可能出现的差异性较大的光照条件，如灯光的颜色。
- 背景：背景为纯色，且背景颜色与商品主体的颜色有区别，如图 3-4 所示。

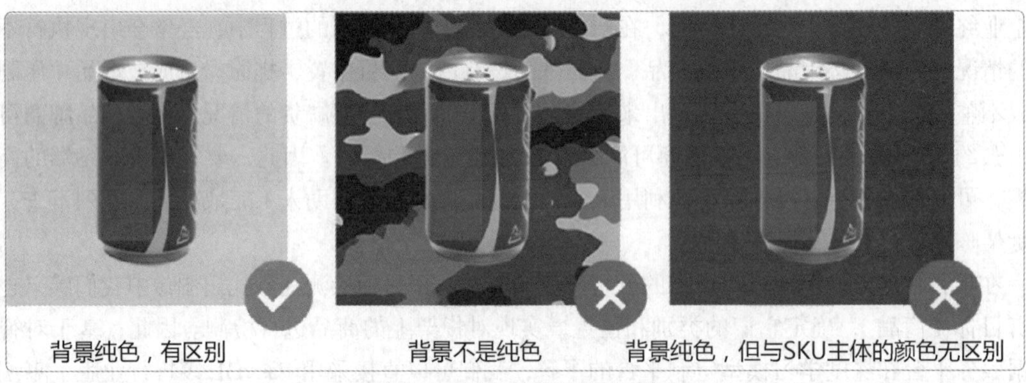

图 3-4　SKU 单品图采集示例

② 清晰度。

图像分辨率建议达到 1920 像素 ×1080 像素以上，拍摄相机的像素建议达到 200 万以上，以保证图像上的 SKU 足够清晰。

③ 拍摄角度。

当业务场景是货架陈列审核，且货架上的商品无确定的展示面时，SKU 单品图的角度需要覆盖商品可能在货架上出现的所有差异性较大的角度。考虑到拍摄角度，SKU 单品图需要覆盖水平视角、俯视视角和仰视视角，如图 3-5 所示。

④ 数据量。

数据量的基本要求是覆盖实际业务场景可能出现的各种情况，可以根据实际业务场景的情况灵活调整 SKU 单品图的拍摄角度和数据量。表 3-1 所示为各个业务场景下的推荐拍摄角度和数据量。

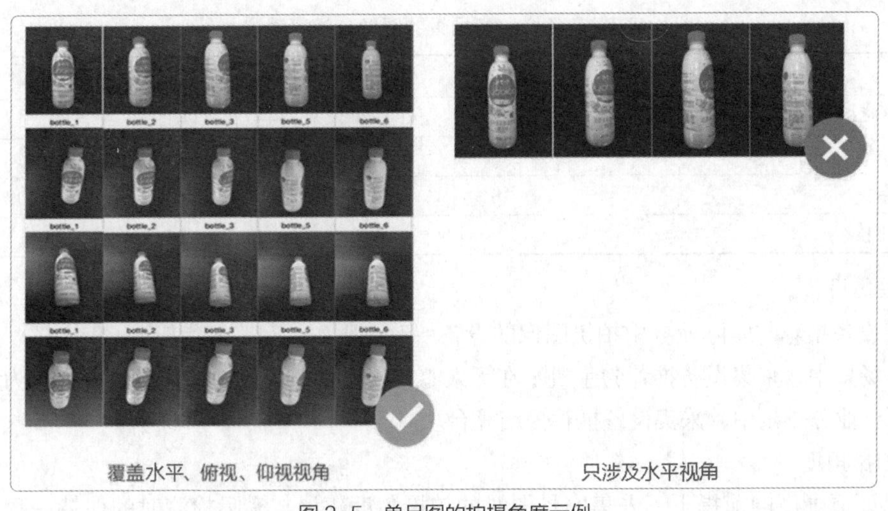

图 3-5 单品图的拍摄角度示例

表3-1 各个业务场景下的推荐拍摄角度和数据量

场景	推荐拍摄角度	推荐数据量
普通货架 / 货柜审核	水平视角、俯视视角和仰视视角	每个角度各 10 张
无人零售货柜	俯视视角	每个角度各 10 张
智能结算台	水平视角、俯视视角，可根据实际情况增加仰视视角	每个角度各 10 张
地堆商品审核	可尽量在实景图中覆盖需要检测的角度	每个角度各 10 张

（2）实景图

① 图像内容。

对于实景图的图像内容，需要确保数据与实际业务检测图像来源一致。例如，在货架商品陈列审核业务中，采集的数据是业务员巡店时拍摄的图像；在智能结算台业务中，采集的数据是结算台日常结算时拍摄的图像。

② 清晰度。

实景图需能够清晰显示每一个要识别的商品，即肉眼要能够看清每个商品及商品的特征，如图 3-6 所示。

图 3-6 实景图的清晰度示例

表 3-2 所示为针对各个业务场景提出的图像分辨率建议。

表3-2 各个业务场景的图像分辨率建议

场景	推荐图像分辨率
普通货架 / 货柜审核	1920 像素 ×1440 像素以上
无人零售货柜	1280 像素 ×720 像素以上
智能结算台	1280 像素 ×720 像素以上
地堆商品审核	1920 像素 ×1440 像素以上

③ 采集设备。

采集设备推荐与实际业务中拍摄图像的设备一致。比如，在普通货架 / 货柜审核、地堆商品审核业务场景中，采集设备推荐为手机；在无人零售货柜业务场景中，采集设备推荐为货柜；在智能结算台业务场景中，采集设备推荐为结算台。

④ 拍摄角度。

在保证清晰度的前提下，采集实景图时的拍摄角度建议与实际检测时的保持一致。在普通货架 / 货柜审核场景中需要注意，应尽量从正面拍摄图像，拍摄角度可以稍微倾斜，但不要倾斜过多，否则会增加商品识别的难度，如图 3-7 所示。

图 3-7 实景图的拍摄角度示例

⑤ 数据量。

在第一次训练时，建议每个商品至少有 20 张实景图。上传至平台的实景图中，只有标注过的图像才能用于训练模型。在所有标注过的图像中，系统会随机抽取 70% 的图像作为训练集，将剩余的图像作为测试集。如果标注的训练数据不足，可能会导致某个商品识别的精确度远低于其他商品识别的精确度，或是训练结果出现 mAP（mean Average Precision，平均精度）、精确率、召回率全都为 0 的情况。

2. 数据处理

数据采集完成后，需要对数据进行处理，以确保数据符合平台要求。以下为 EasyDL 零售行业版对数据的要求。

- 支持的图像格式为 PNG、JPG、BMP、JPEG，图像大小限制在 4MB 以内。
- 图像长宽比限制在 3 ：1 以内，其中最长边小于 4096 像素，最短边大于 30 像素。
- 压缩包仅支持 ZIP 格式，大小限制在 5GB 以内。

3. 数据标注

数据标注的质量会直接影响模型的质量，因此数据标注在整个流程中是非要重要的。在平台上只需为商品上传各个角度的 SKU 单品图，无须进行任何标注；实景图则需要标注。接下来介绍实景图应该如何标注，即数据标注规范。

（1）标注框的要求

标注框是标注时的最小单位，其应为能够完全覆盖目标 SKU 的最小矩形框。图 3-8 所示为标注框标注示例。

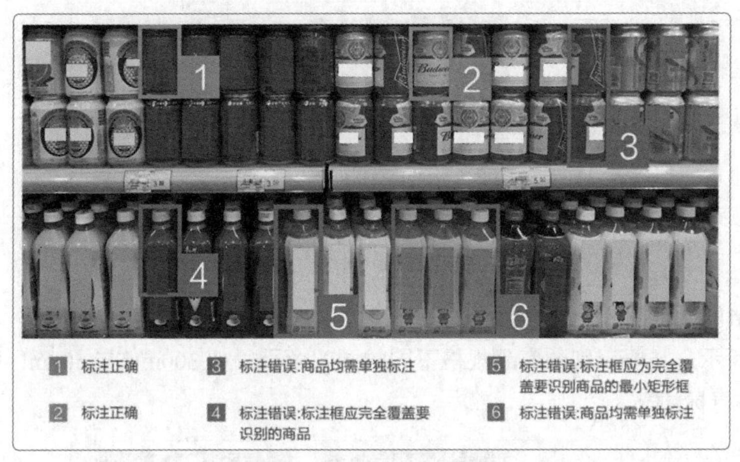

图 3-8　标注框标注示例

（2）被标注物被遮挡时的标注方法

当商品被遮挡时，在普通货架 / 货柜审核业务场景中，建议只标注露出部分超过 70% 且具备识别特征的 SKU；在无人零售货柜和智能结算台业务场景中，建议只标注商品露出来的部分。被标注物被遮挡时的标注示例如图 3-9 所示。

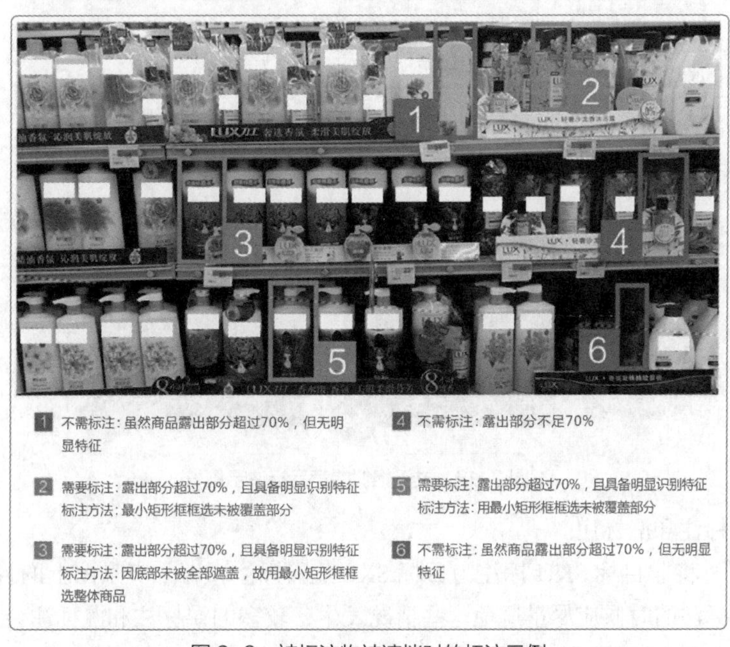

图 3-9　被标注物被遮挡时的标注示例

（3）相似商品需分别标注

在普通货架 / 货柜审核场景中，实景图上容易出现与目标商品很相似的商品，建议对它们通过创建各自对应的商品信息来分别进行标注。切勿将它们标注为同一类，这能够降低模型将这些相似的商品识别为目标商品的可能性。相似商品分为以下 3 种情况。

① 同品牌不同系列、口味、包装。

如图 3-10 所示，与要识别的商品同属一个品牌，但是属于不同系列、口味或者包装的商品，建议分别进行标注。

图 3-10　同品牌不同口味的 SKU 标注示例

② 不同规格的同款商品。

如图 3-11 所示，与要识别的商品规格不同的同款商品，如 300mL 与 500mL 规格，这种情况下，建议分别进行标注。

图 3-11　不同规格的同款商品标注示例

③ 过于相似的竞品。

如图 3-12 所示，与要识别的商品的特征，包括商品的颜色、规格、包装、材质等，都非常相似的竞品，建议分别进行标注。

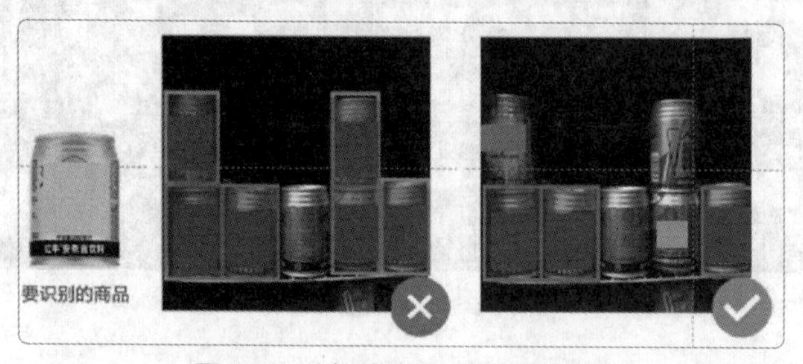

图 3-12　过于相似的竞品标注示例

（4）避免误标注和漏标注

误标注，即：将非目标 SKU 标注为目标 SKU；漏标注，即：实景图上的目标 SKU 没有被全部标注出来。标注的时候应尽量避免这些情况发生，较多的误标注和漏标注会严重影响模型效果。以下简单列举常见的误标注和漏标注情况。

① 误标注。

上述所提及的相似 SKU 常出现误标注的情况，尤其是同款商品不同规格、不同口味、不同包装的相似 SKU，经常被错误地标注为同一类商品。

② 漏标注。

a．商品出现不同角度时导致的漏标注。

如图 3-13 所示，出现其他角度的商品时，也应该对其进行标注，不应只标注正面的商品。

图 3-13　不同角度的商品漏标注示例

b．粗心导致的漏标注。

如图 3-14 所示，需认真观察实景图中出现的所有商品，避免因粗心漏掉对目标商品的标注。

图 3-14　粗心导致的漏标注示例

c．对遮挡情况判断错误导致的漏标注。

因对被标注物被遮挡时的标注方法不熟悉或者判断失误，常常会导致漏标注。图 3-15 所示为对遮挡判断错误而导致的漏标注示例，图中虽有部分商品被遮挡，但是仍然保留了该商品的识别特征，因此应该对该商品进行标注。

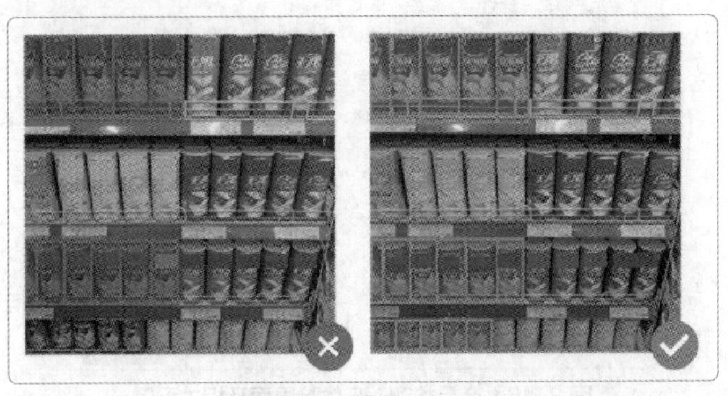

图 3-15　对遮挡情况判断错误导致的漏标注示例

3.2.3 模型训练

数据准备完成后，即可进行模型训练。此步骤可通过 EasyDL 深度学习模型定制平台进行。EasyDL 平台中，所有与模型训练相关的操作都可以在网页上进行，无须编程，仅需 5 步即可部署定制化人工智能模型，可大幅降低线下搭建训练环境、自主编写算法代码的相关成本。EasyDL 平台提供大量免费的图形处理单元（Graphics Processing Unit，GPU）训练资源，用于模型迭代和效果验证，可有效降低项目开发和测试成本。同时，平台可以针对零售场景专项算法进行调试和优化（简称调优），结合图像合成与增强技术提升模型泛化能力，模型准确率可达 97% 以上，确保模型在生产环境中具有高可用性。平台还支持数据加密与隔离，为客户的数据和模型提供企业级安全保障。

3.2.4 模型应用

模型训练完成后，即可进行模型应用，完成人工智能开发的最后一步。百度 EasyDL 平台提供模型效果评估报告，通过评估报告我们可以直观了解商品识别模型的 F1-score 的分布。F1-score 是商品识别模型中 SKU 的精确率和召回率的调和平均数，可以作为判断模型中各 SKU 识别效果的指标。通常情况下，当 F1-score 的值大于 85% 时，表示可满足商品计数需求；当 F1-score 的值大于 60% 时，表示可满足统计商品分销需求。

若模型效果不佳，则需要进行模型优化。EasyDL 零售行业版已专门根据零售业务场景中的数据调优了模型算法。所以优化 EasyDL 零售行业版所训练的模型时，不需要理解和调优模型算法中的各种参数，仅需要优化训练数据即可。优化 EasyDL 零售行业版的商品检测模型前，需要正确采集实景图和 SKU 单品图，并正确标注实景图，接着可以按照以下 5 个步骤优化商品检测模型。

（1）补充实景图：使用 EasyDL 零售行业版提供的模型优化工具回流补充实景图。

（2）补充 SKU 单品图：上传识别得不好的 SKU 单品图的补充图。

（3）重新训练模型：补充好数据后用新旧数据一起重新训练模型。

（4）重新发布模型：将新训练的模型版本发布为 API 后测试模型效果。

（5）重复优化：根据测试结果重复步骤（1）～（4），直到模型可商用。

得到能够满足业务常见需求的模型后，即可进行模型部署，可以将模型部署至生产环境中。通过深度学习模型定制平台，我们可以调用云服务 API 获取商品检测功能，还能够将模型云服务 API 快速集成进 H5 页面中来体验模型效果。图 3-16 所示为商品检测 H5 体验界面及相关配置。

图 3-16 商品检测 H5 体验界面及相关配置

项目实施 | 商品检测

3.3 实施思路

基于对项目描述与知识准备内容的学习，在了解了典型人工智能开发平台的功能和业务操作流程后，我们现在应用 EasyDL 平台，尝试开发商品检测项目，以帮助读者掌握 EasyDL 零售行业版的业务操作方法。以下是本项目实施的步骤。

（1）创建模型和 SKU。

（2）上传数据并标注。

（3）训练模型并校验。

3.4 实施步骤

步骤 1：创建模型和 SKU

在开始一个项目时，需要先通过以下步骤创建模型，确定模型名称，记录模型的功能，并初步创建 SKU。

（1）登录人工智能交互式在线实训及算法校验系统，进入本项目的实验环境，如图 3-17 所示。单击“控制台”中“AI 平台实验”EasyDL 平台的“启动”按钮，进入 EasyDL 平台。

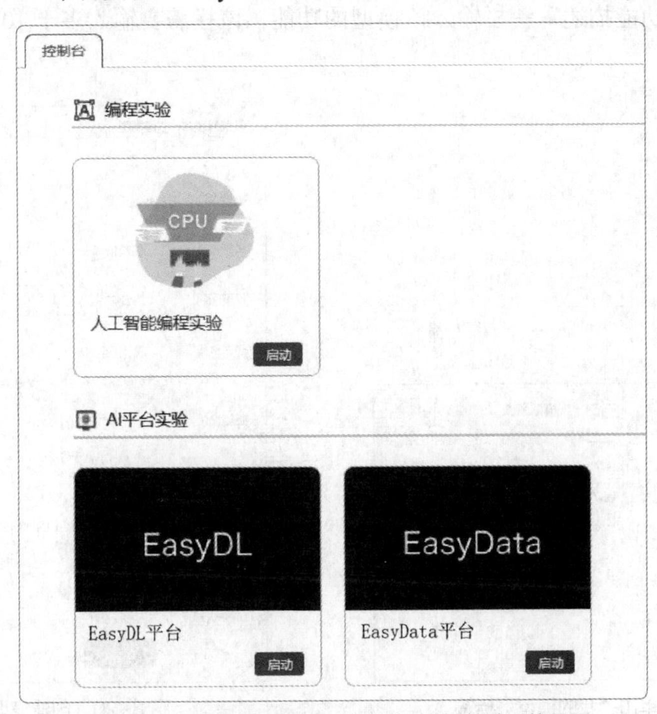

图 3-17　人工智能交互式在线实训及算法校验系统界面

（2）单击“立即使用”按钮，在弹出的“选择模型类型”对话框中选择“零售行业版”选项，如图 3-18 所示。进入登录界面，输入账号和密码。

图 3-18 “选择模型类型”对话框

（3）进入零售行业版管理界面后，在左侧的导航栏中单击“我的模型”标签，再单击“创建模型”按钮，进入信息填写界面，如图 3-19 所示。

（4）如图 3-20 所示，在“模型名称”一栏输入模型的名称。本项目主要是进行普通货架上饮料商品的检测，因此可以在“模型名称”一栏输入“饮料检测”。然后在“模型归属”一栏选择“个人”选项，在“应用场景”一栏选择“普通货架 / 货柜”选项。输入个人的邮箱地址和联系方式之后，在“功能描述”一栏输入该模型的功能，该栏需要输入多于 10 个字符但不能超过 500 个字符的内容。

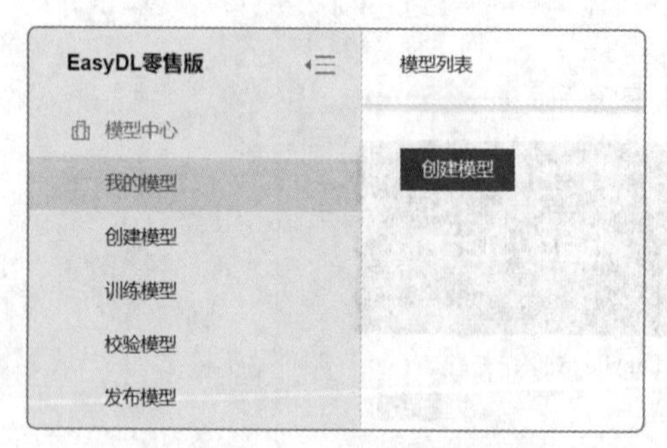

图 3-19 单击“我的模型”标签

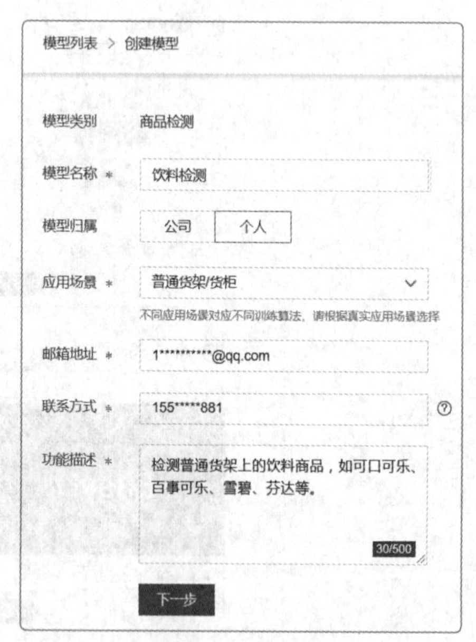

图 3-20 创建模型界面

（5）信息填写完成后，单击“下一步”按钮即可成功创建模型。单击左侧导航栏“我的模型”标签即可查看创建的模型列表，如图 3-21 所示。

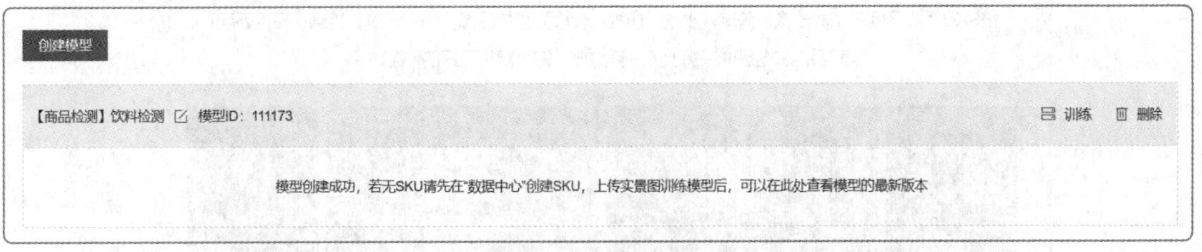

图 3-21　所创建的模型列表

（6）单击图 3-21 所示界面中的“创建 SKU”，即可进入 SKU 创建界面。

（7）按照提示填写信息。此处需注意，在 SKU 识别结果中，SKU 的名称是以“SKU 名称 _ 品牌名称 _ 规格参数”的形式返回的，在填写 SKU 名称、品牌名称和规格参数时需避免这 3 项内容重复。以下是需要填写的项目。

- SKU 名称：可适当填入 SKU 细节，如原味可乐、番茄味薯片、奥运版纯牛奶等。
- 品牌名称：SKU 的品牌名称，如可口可乐、乐事、伊利等。
- 规格参数：SKU 的规格，如 330mL、500g、20 片等。
- 商品品类：可选项为“饮品”“药品”“零食”“调味品”“日用品”和“其他”。
- 包装类型：可选项为“瓶装”“罐装”“袋装”“盒装”和“其他”。
- 商品编号：如果自身的业务系统中有现成的 SKU 对应的商品编码，例如商品条形码，可以将其填在该文本框中，之后模型接口将支持返回该内容，用于快速匹配 SKU。
- SKU 单品图：用于商品增强合成，以改善模型效果。
- SKU 包装图：用于标注时查看 SKU 包装，方便根据包装对相似商品进行区分，避免误标注和漏标注。图 3-22 所示为盒装和罐装的 SKU 包装图示例。

（8）因为平台上已经预置了近千个 SKU，所以绝大多数情况下用户无须再自行上传单品图。本项目可直接创建平台已预置的 SKU。如图 3-23 所示，在“SKU 名称”一栏输入“可乐”，在弹出的下拉列表中选择“可乐 _ 可口可乐 _330mL”选项。

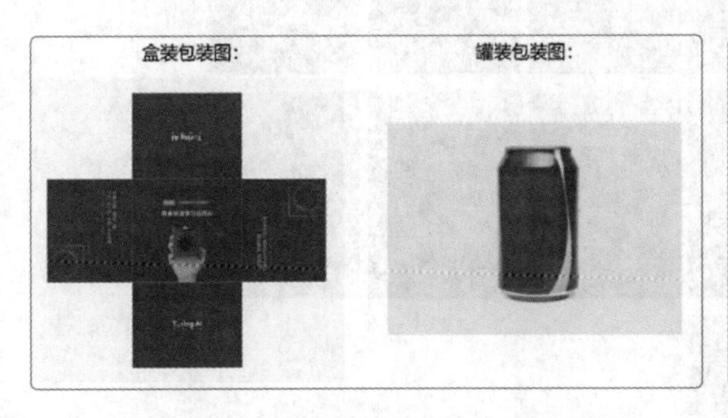

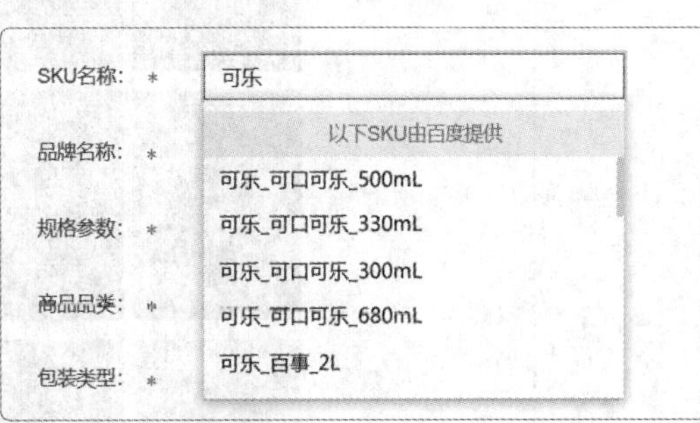

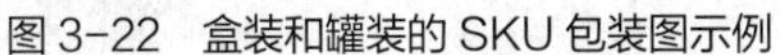

图 3-22　盒装和罐装的 SKU 包装图示例

图 3-23　创建 SKU

（9）在弹出的“确认匹配”对话框中查看详细的商品图片，确认该 SKU 是否与需求匹配。单击“确定”按钮确认匹配，如图 3-24 所示。

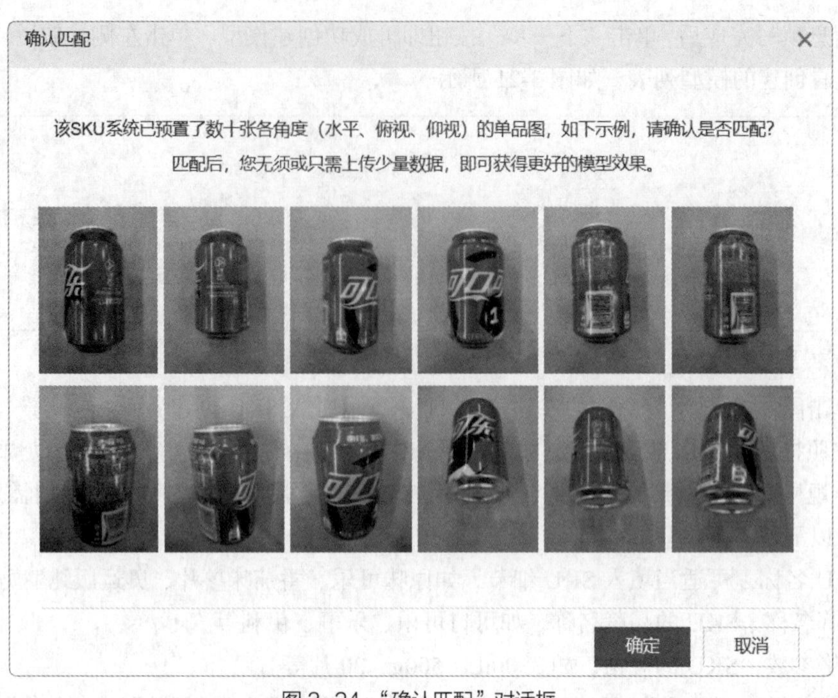

图 3-24 “确认匹配”对话框

（10）如图 3-25 所示，在“SKU 展示”一栏，可以查看平台预置的单品图，若发现这些单品图未覆盖实际检测场景中商品的角度、光照条件等，可以单击“SKU 单品图”一栏中的“上传图片”按钮，然后选择所采集的单品图上传进行补充即可。确认信息无误后，单击“创建 SKU”按钮即可创建 SKU。

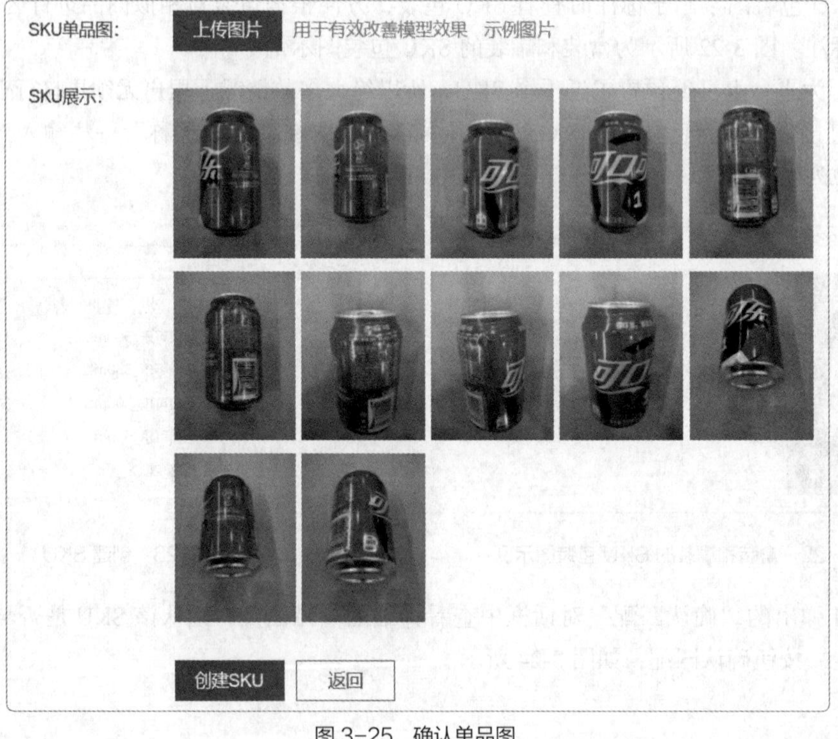

图 3-25 确认单品图

（11）创建成功后，即可在我的 SKU 库界面查看所创建的 SKU 列表，如图 3-26 所示。单击右侧“操作”栏下的“查看”按钮，即可查看该 SKU 的详细信息；单击“编辑”按钮，即可补充上传 SKU 包装图和 SKU 单品图。

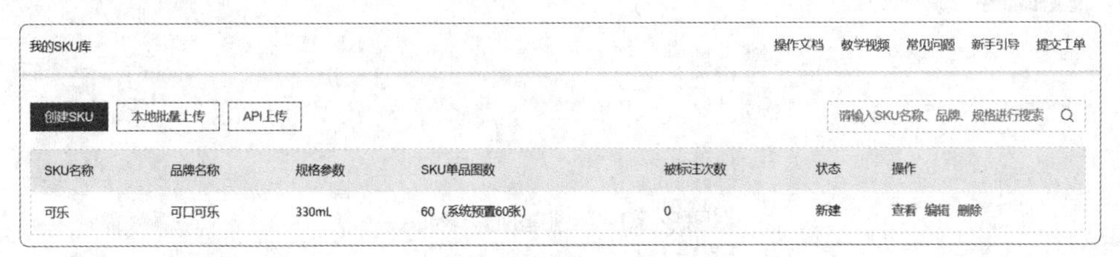

图 3-26　所创建的 SKU 列表

（12）按照上述步骤，创建其他所需的 SKU，即“可乐细长罐 _ 可口可乐 _330mL”和“可乐 _ 可口可乐 _680mL”，如图 3-27 所示。

创建SKU　本地批量上传　API上传　请输入SKU名称、品牌、规格进行搜索

SKU名称	品牌名称	规格参数	SKU单品图数	被标注次数	状态	操作
可乐细长罐	可口可乐	330mL	59（系统预置59张）	0	新建	查看 编辑 删除
可乐	可口可乐	680mL	60（系统预置60张）	0	新建	查看 编辑 删除
可乐	可口可乐	330mL	60（系统预置60张）	0	新建	查看 编辑 删除

图 3-27　SKU创建完成后的列表

步骤 2：上传数据并标注

商品检测模型和所需的 SKU 都创建完成后，接下来可以按照以下步骤上传实景图并进行标注。

（1）如图 3-28 所示，单击左侧导航栏的“实景图集库”标签，接着单击“创建实景图集”按钮，进入信息填写界面。

（2）如图 3-29 所示，新建实景图集需要填写以下两项。

- 实景图集名称：可适当填入 SKU 细节，如原味可乐、番茄味薯片、奥运版纯牛奶等，此处输入“可乐”。
- 选择类型：即选择实景图集的类型，需要与创建模型时选择的应用场景保持一致，上传时只上传与选择类型相同的实景图。可选项为“普通货架 / 货柜”“智能结算台”“无人零售柜”“其他”，此处选择“普通货架 / 货柜”选项。

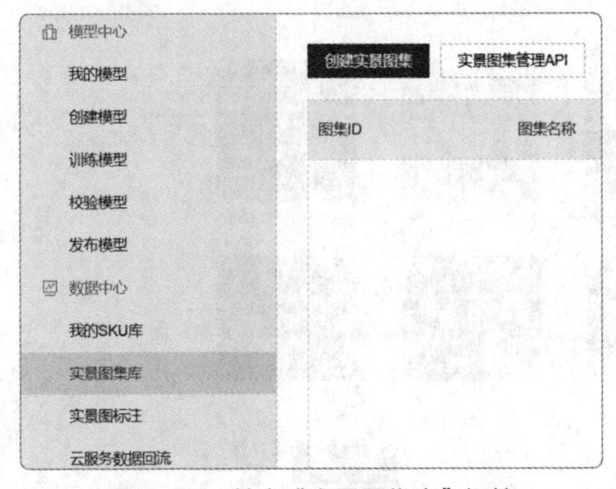

图 3-28　单击“实景图集库”标签

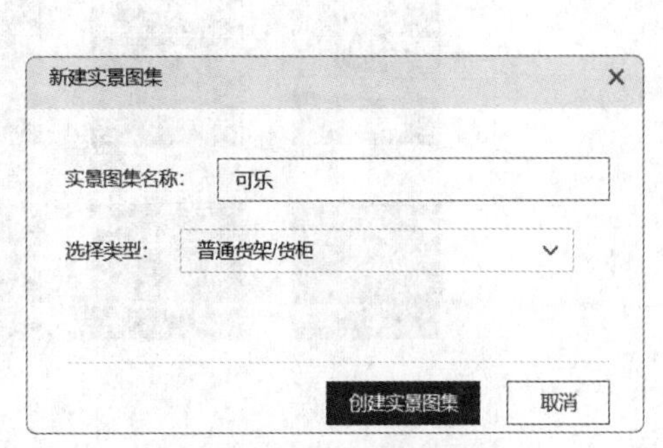

图 3-29　新建实景图集界面

（3）信息填写完成后，单击“创建实景图集”按钮，创建图集。在实景图集库界面中，可以查看所创建图集的相关信息，包括图集 ID、图集名称、标注进度、状态等，如图 3-30 所示。

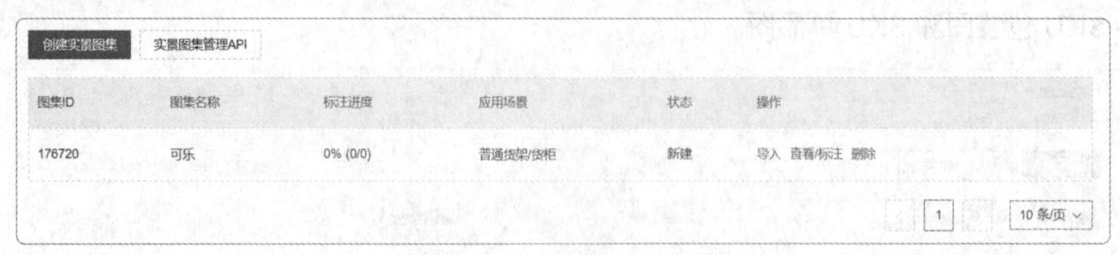

图 3-30 所创建的图集列表

（4）单击该图集右侧“操作”栏下的“导入”按钮，为图集导入数据。进入导入实景图界面后，在“导入方式”一栏可以看到有“上传图片”及“上传压缩包”两种方式来导入实景图，如图 3-31 所示。以下是对这两种方式的说明。

- 上传图片：单次只能上传 20 张以内的图片。
- 上传压缩包：仅支持 ZIP 格式，大小限制在 5GB 以内。

（5）此处选择以“上传图片”的方式来导入数据。本项目的数据集保存在人工智能交互式在线实训及算法校验系统实验环境的 data 目录下，将其下载至本地计算机。如图 3-32 所示，该数据集中包含训练集和测试集，训练集包含 18 张实景图，测试集包含 2 张实景图。

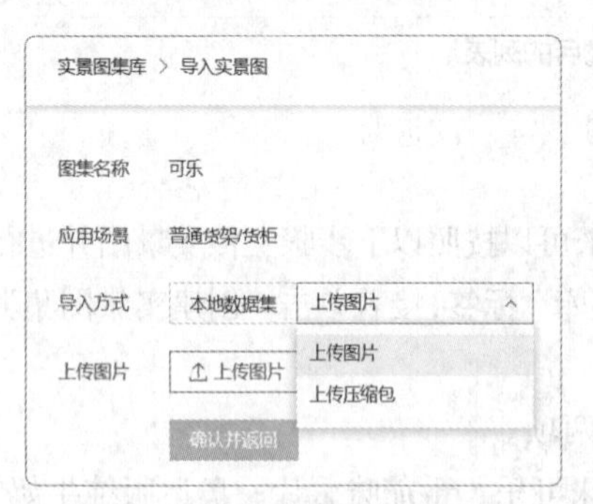

图 3-31 导入实景图的两种方式

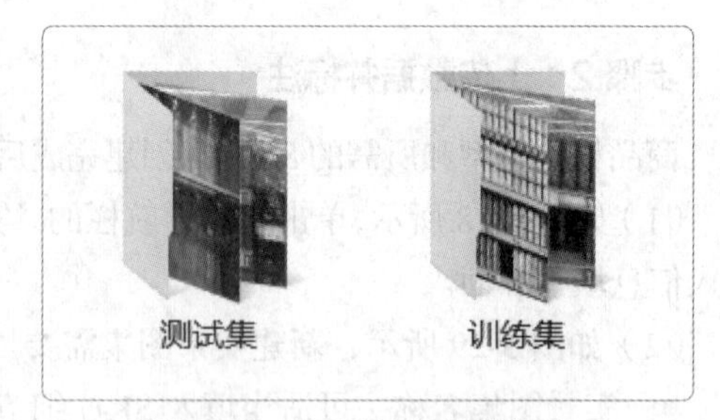

图 3-32 商品检测项目数据集

（6）将数据集下载至本地计算机后，回到导入实景图界面，在“导入方式”一栏选择“上传图片”选项，单击“上传图片”按钮，选择训练集中的所有图片并上传，上传图片界面如图 3-33 所示。

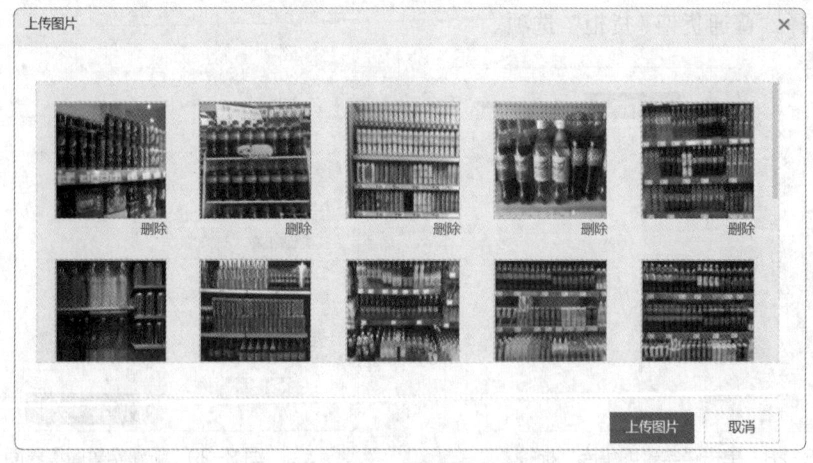

图 3-33 上传图片界面

（7）如图 3-34 所示，单击“上传图片”按钮，等待所有图片上传进度达到 100%。

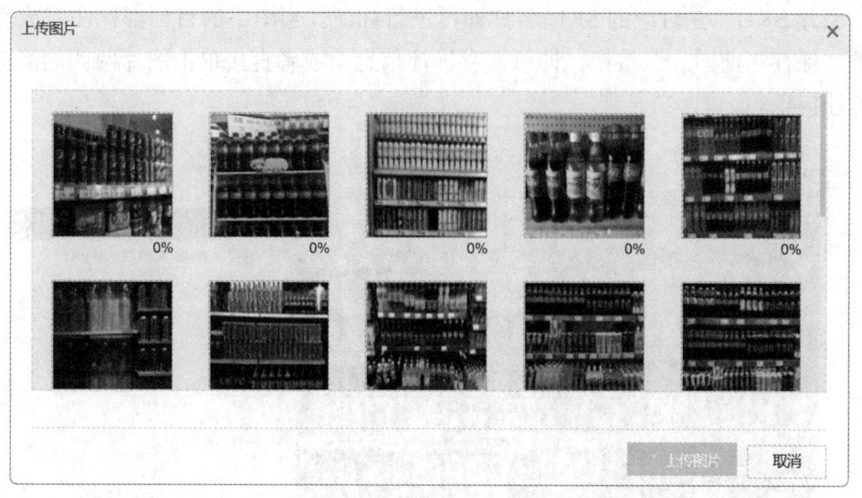

图 3-34　等待图片上传

（8）图片上传完成后，会自动跳转至导入实景图界面。可以看到在“上传图片”按钮下方会显示“已上传 18 个文件”，如图 3-35 所示。确认所需数据均上传完成后，单击“确认并返回”按钮，开始导入数据。

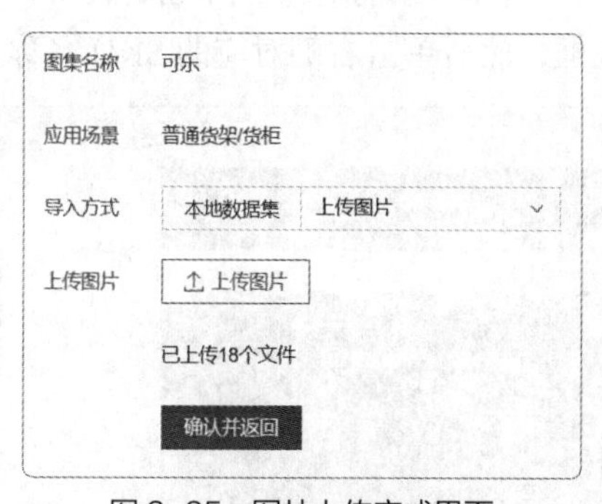

图 3-35　图片上传完成界面

（9）开始导入数据时，会自动跳转至实景图集库界面，在该界面中可以看到目前图集的状态为“导入中”，如图 3-36 所示。约两分钟后，刷新界面，查看是否导入完成。

创建实景图集　实景图集管理API

图集ID	图集名称	标注进度	应用场景	状态	操作
176886	可乐	0% (0/0)	普通货架/货柜	导入中	导入 查看/标注 删除

图 3-36　实景图导入中界面

（10）导入完成后，在“状态”一栏可以看到状态已经更新为“正常”，如图 3-37 所示。接下来进行数据标注。单击该图集右侧“操作”栏下的“查看 / 标注”按钮，进入标注界面。

图集ID	图集名称	标注进度	应用场景	状态	操作
176886	可乐	0% (0/18)	普通货架/货柜	正常	导入 查看/标注 删除

图 3-37　更新为正常状态

（11）选择一张图片进行标注。如图 3-38 所示，找到图片中的目标，使用鼠标单独拉框，并单击右侧“新建 SKU”栏对应的 SKU 名称即可进行标注。当图中的目标都标注完成后，单击界面左下角的“保存当前图片”按钮，即可保存标注信息。或者直接单击图片两侧的箭头，切换并保存图片标注信息。

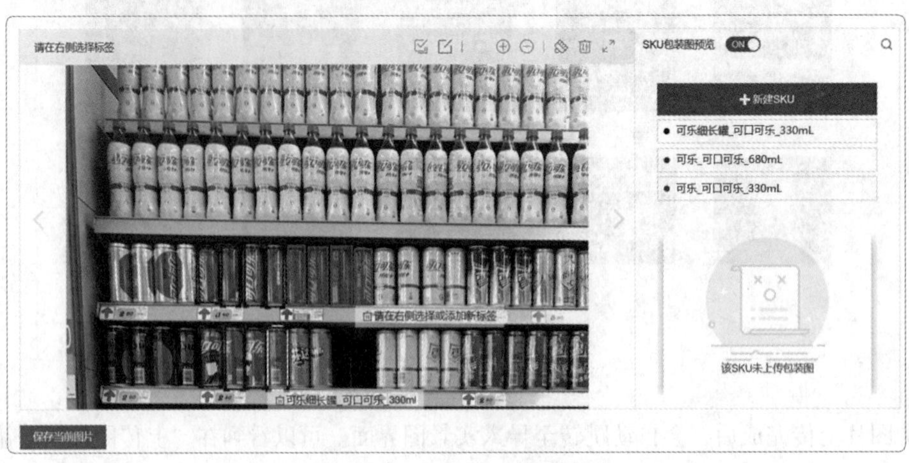

图 3-38 进行数据标注

（12）如图 3-39 所示，若图中有多个目标，可以单击标注界面上面的“多选”按钮，依次选中所有属于同一个 SKU 的标注框，然后单击右侧对应的 SKU 名称，即可完成批量标注。

图 3-39 进行批量标注

（13）当图中有多个目标时，可以单击相应界面“图片筛选”一栏旁的“辅助标注”按钮，如图 3-40 所示。该功能可以实现给未标注的实景图进行标注。注意，平台仅支持同时对一个图集启动辅助标注功能。

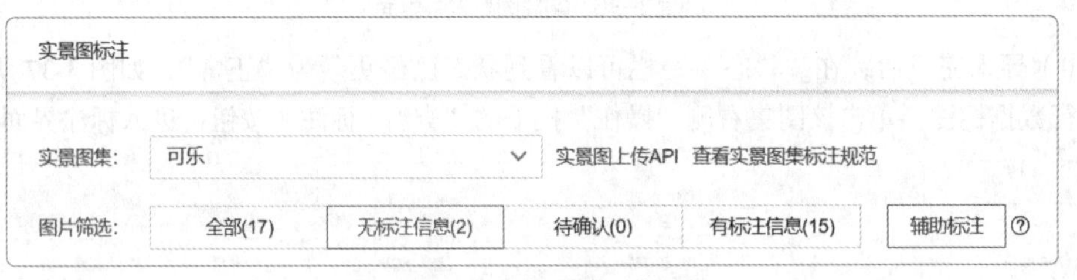

图 3-40 单击“辅助标注”按钮

（14）如图 3-41 所示，辅助标注功能分为两种模型，分别为“通用检测模型”和“通用检测模型 + 自训练定制模型”。以下对这两种模型进行简单说明。

● 通用检测模型：为图中的商品标上橙色无标签标注框 A，之后标注数据时只需要为目标 SKU 的所有橙色辅助标注框附上标签，其他不需要识别的无须处理，不会影响训练。

● 通用检测模型 + 自训练定制模型：为图中自训练模型可识别的商品标上蓝色有标签标注框 B，支持选择 2019 年 9 月 1 日后完成训练的模型版本，建议选择 mAP 数值高的模型版本。

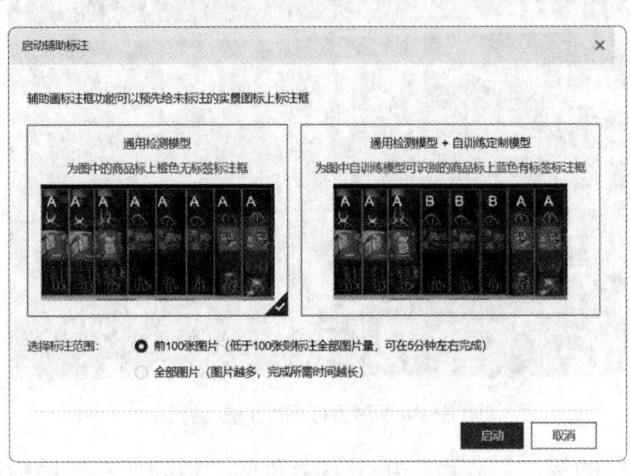

图 3-41　查看两种辅助标注模型

（15）辅助标注功能还可以实现选择标注范围，以下进行简单说明。

● 前 100 张图片：低于 100 张则标注全部图片，可在 5 分钟左右完成。如果是第一次尝试标注不同包装类型的商品，如瓶装、袋装、盒装等，建议选择此项。如果需要立即开始标注图片，也建议选择此项，因为此项用时较短，可迅速完成辅助标注。

● 全部图片：未标注的图片量很大，可以等待数小时后再进行标注的，建议选择此项。未标注图片量和完成所需时间的关系大致为：完成所需时间 = 未标注图片量 /100 × 5（分钟）。

（16）此处选择“通用检测模型”选项，在“选择标注范围”一栏选择“前 100 张图片”选项，单击“启动”按钮，启动辅助标注功能。此时会跳转至图 3-42 所示的界面，等待 5 分钟左右即可完成标注。如果需要取消辅助标注或者更换标注模型，可以单击“终止”按钮。

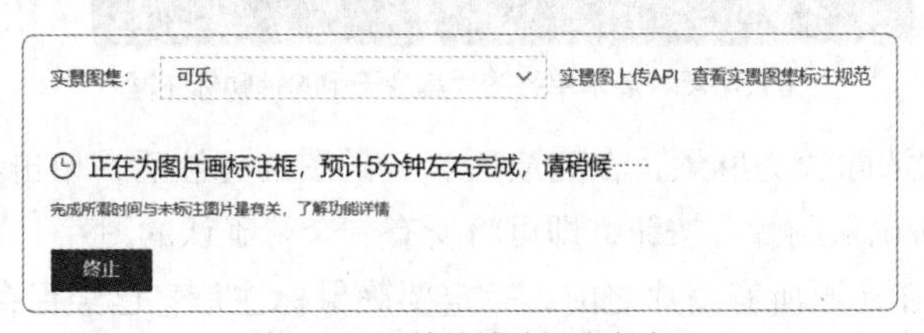

图 3-42　等待辅助标注完成

（17）如图 3-43 所示，辅助标注完成后，单击“前往标注”按钮，进入实景图标注界面。

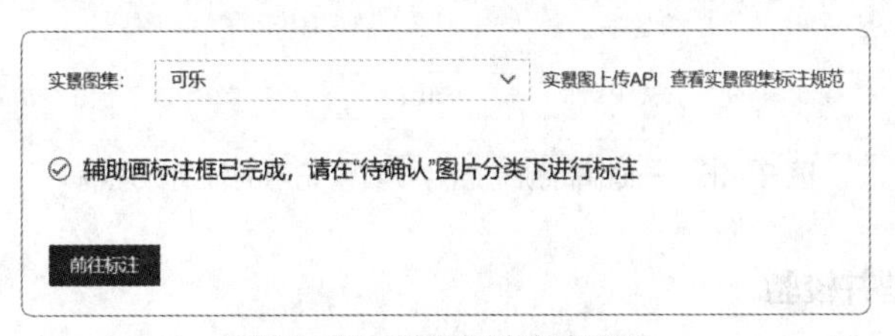

图 3-43　辅助标注完成界面

（18）进入标注界面后，可以看到已经为图中的商品标出的辅助标注框，单击“全选”按钮，选中需要进行标注的辅助标注框，再单击右侧的 SKU 名称进行标注，如图 3-44 所示。

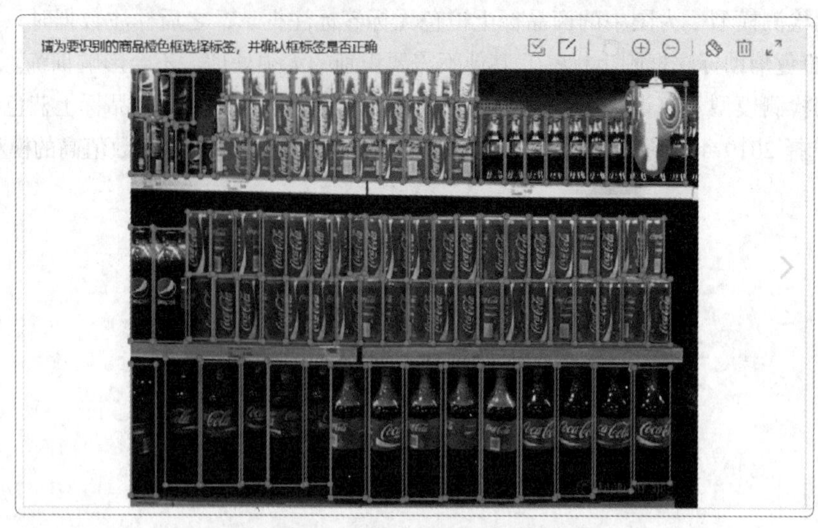

图 3-44　对目标 SKU 进行标注

（19）完成目标 SKU 的标注后，可以单击右上角的“清除所有辅助标注框”按钮，清除单张图片其余无用的辅助标注框，如图 3-45 所示。如果对单张图片的辅助标注框不满意，就可以使用该功能。

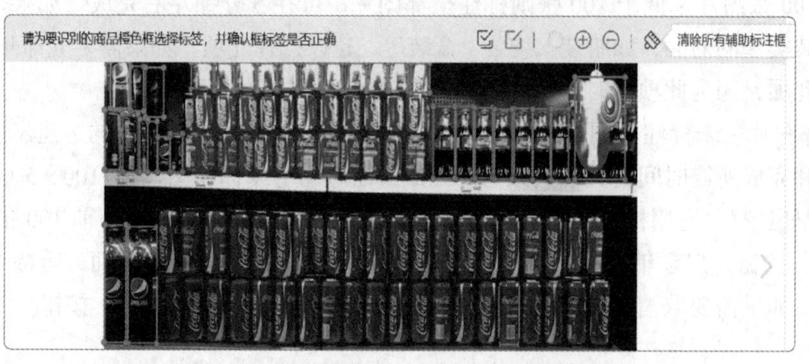

图 3-45　清除单张图片其余无用的辅助标注框

（20）若单张图片清除较为麻烦，在完成所有实景图的标注后，单击界面上方“图片筛选”一栏旁的“还原所有待确认图片”按钮，即可将所有剩余待确认的图片上的辅助标注框清除，如图 3-46 所示。注意，在还原所有图片之前，一定要确保标注信息已经保存，否则未保存的标注信息也将被清除还原。

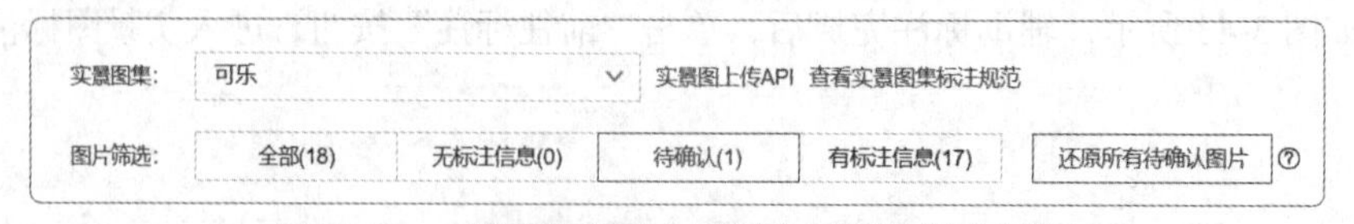

图 3-46　一键清除所有图片中其余无用的辅助标注框

步骤 3：训练模型并校验

实景图均标注完成后，接下来可以通过以下步骤进行模型训练，并校验模型效果。

（1）单击左侧导航栏的“训练模型”标签，进入模型训练界面，并选择在步骤1中创建的“饮料检测”模型，如图3-47所示。

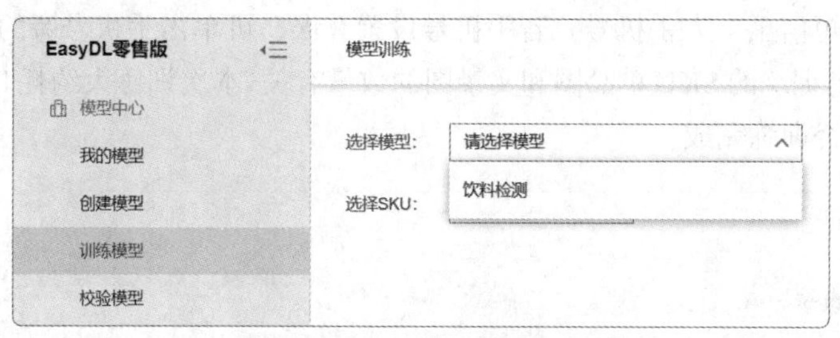

图3-47　选择“饮料检测”模型

（2）如图3-48所示，单击“选择需要识别的SKU”按钮，注意，只有在实景图中被标注过的SKU才能参与训练。

（3）在弹出的对话框中勾选所有SKU对应的复选框，单击“确定”按钮，如图3-49所示。

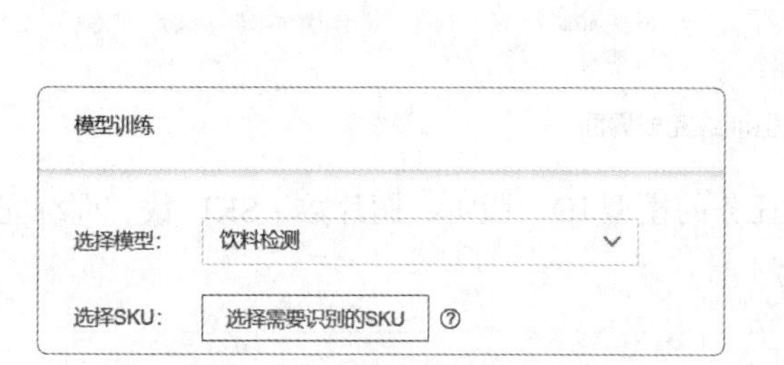

图3-48　选择需训练的模型

图3-49　选择需要识别的SKU

（4）在界面的列表中可以看到各个SKU的被标注数，这里可以看到第3个SKU的被标注数较少，可以视情况对该SKU进行数据补充；在列表右侧可以看到所创建的实景图集及图集中对应的SKU数量，如图3-50所示。这里要注意勾选本项目所创建的“可乐”实景图集对应的复选框。

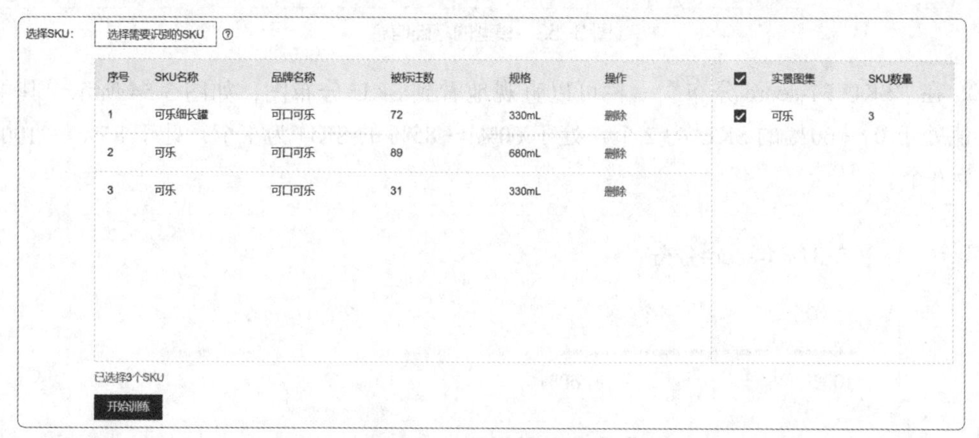

图3-50　确认所选择的SKU

（5）SKU 和实景图集设置完成后，单击“开始训练”按钮即可进行模型训练。

（6）如图 3-51 所示，单击“训练中”旁的感叹号图标，可查看训练进度，还可以设置在模型训练完成后发送短信至个人手机号。若手机号设置有误，可单击手机号旁的编辑图标修改手机号。训练时长与参与训练的 SKU 单品图和实景图的数量有关，本次训练大约耗时 2 小时。2 小时后，刷新界面，查看是否训练完成。

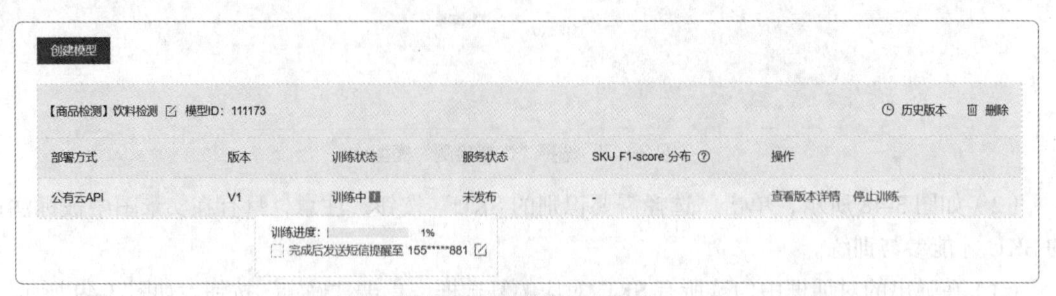

图 3-51　模型训练中界面

（7）训练完成后，可以看到该模型的效果。如图 3-52 所示，单击右侧“操作”栏下的“查看版本详情”按钮，可查看详细的模型评估报告。

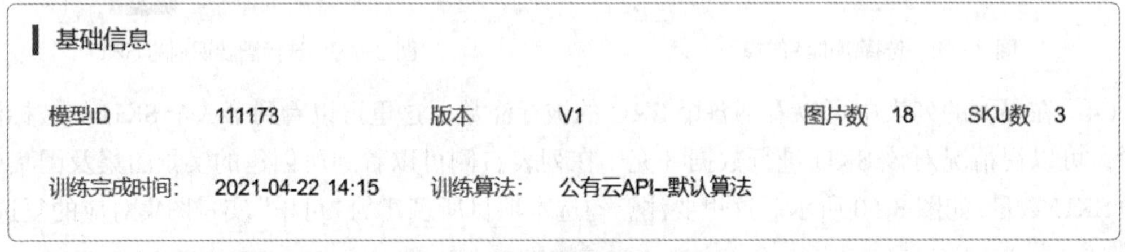

图 3-52　模型训练完成界面

① 在“基础信息”一栏，可以查看该训练任务的模型 ID、版本、图片数、SKU 数、训练完成时间及训练算法，如图 3-53 所示。

基础信息							
模型ID	111173	版本	V1	图片数	18	SKU数	3
训练完成时间:	2021-04-22 14:15	训练算法:	公有云API--默认算法				

图 3-53　模型的基础信息

② 在“SKU F1-score 分布”一栏可以直观地看到 SKU 分布图，如图 3-54 所示。其中 F1-score 值处于 0 ～ 60% 的 SKU 为 2 个，处于 60% ～ 85% 的 SKU 为 1 个，处于 85% ～ 100% 的 SKU 为 0 个。

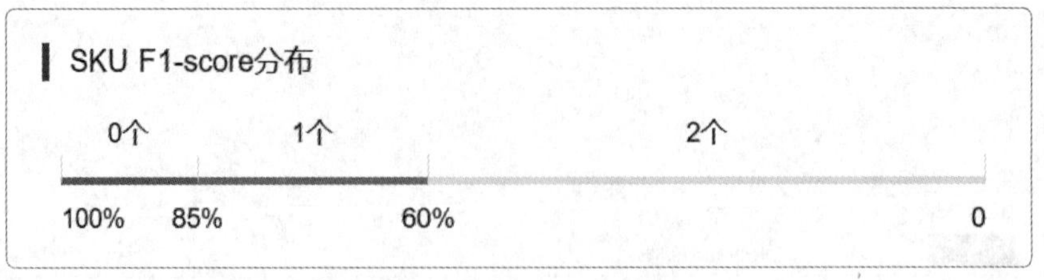

图 3-54　SKU F1-score 分布

③ 在“模型整体效果”一栏可以看到各模型评估指标的数值，如图 3-55 所示。其中，分销准确率指的是单张评估图片中正确识别出所有 SKU 种类的平均概率。

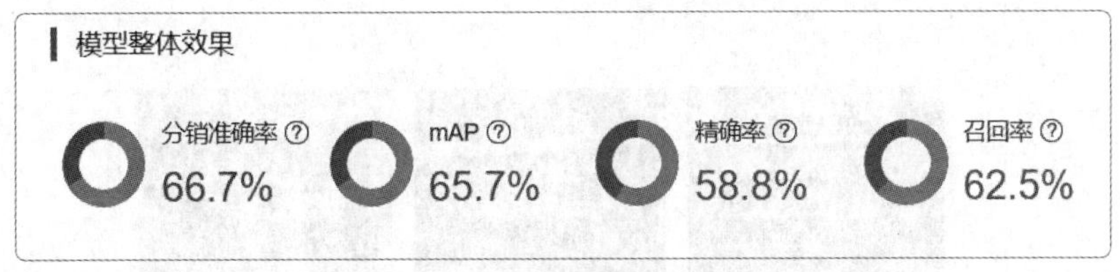

图 3-55　模型整体效果

④ 在“模型整体 F1-score 走势图”一栏可以看到不同阈值下 F1-score 的表现，如图 3-56 所示。从图中可以看到在阈值为 0.9 时，F1-score 的值最大。因此，建议在校验模型时设置阈值为 0.9。

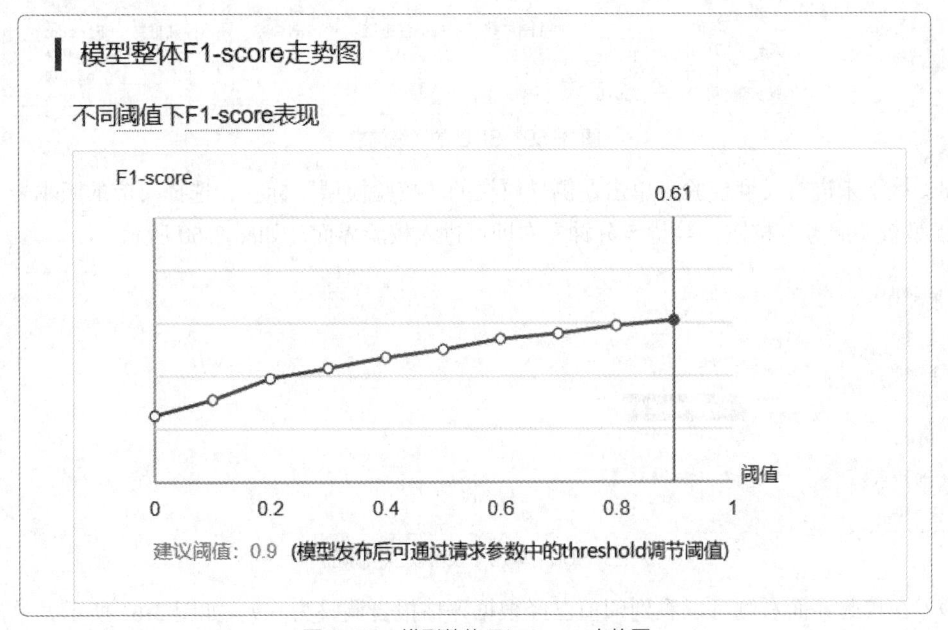

图 3-56　模型整体 F1-score 走势图

⑤ 在“训练及评估数据明细”一栏可以看到各 SKU 的详细信息，如图 3-57 所示。

训练及评估数据明细　　　　全部明细下载

No.	名称	训练图片数	训练标注框数	评估图片数	评估标注框数	F1-score	操作
1	可乐_可口可乐_330mL	5	31	-	-	0.00%	查看详情
2	可乐_可口可乐_680mL	7	57	3	32	62.50%	查看详情
3	可乐细长罐_可口可乐_330mL	7	82	-	-	0.00%	查看详情

图 3-57　训练及评估数据明细

a. 单击右侧“操作”栏下的“查看详情”按钮，可以查看对应 SKU 的实景图标注情况，可以检查是否出现标注错误，如图 3-58 所示。

b. 单击“训练及评估数据明细”一栏旁的“全部明细下载”按钮，即可下载各 SKU 的详细信息，如图 3-59 所示。

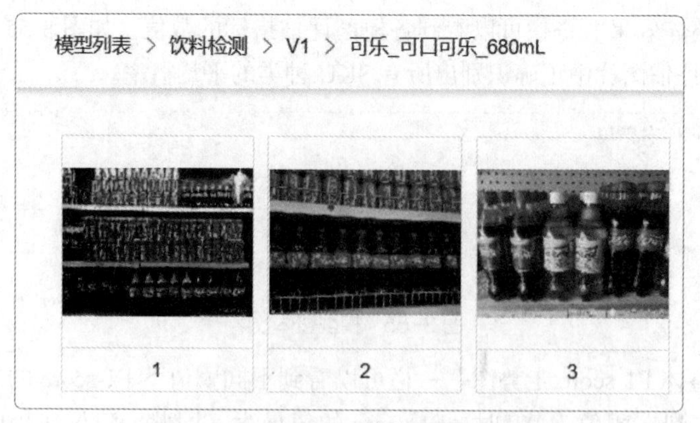

图 3-58　查看 SKU 的实景图标注详情

No.	名称	训练图片数	训练标注框数	评估图片数	评估标注框数	F1-score
1	可乐_可口可乐_330mL	5	31	-	-	0.00%
2	可乐_可口可乐_680mL	7	57	3	32	62.50%
3	可乐细长罐_可口可乐_330mL	7	82	-	-	0.00%

图 3-59　SKU 的详细信息

（8）接下来进行模型校验，单击左侧导航栏的“校验模型”标签，选择对应的版本号，单击“启动模型校验服务”按钮，等待 5 分钟左右即可进入校验界面，如图 3-60 所示。

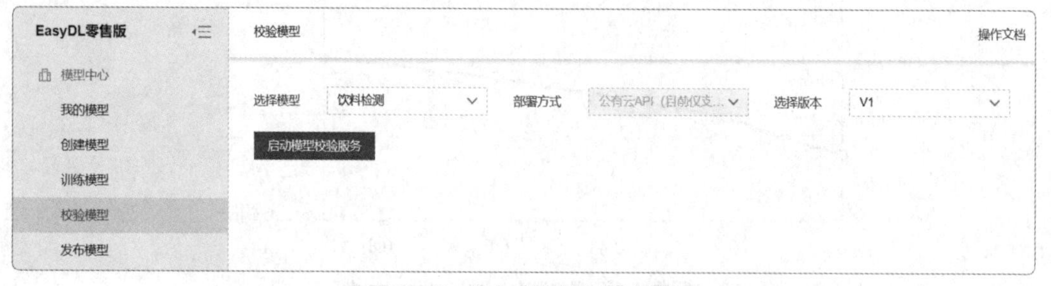

图 3-60　单击“校验模型”标签

（9）在校验界面右侧可以看到阈值已经根据评估报告调整为 0.9。如图 3-61 所示，单击界面中间的“单击添加图片”按钮，选择测试集里的图片进行上传并校验。

图 3-61　模型校验界面

（10）如图 3-62 所示，界面右侧显示的就是模型的识别结果，可以看到识别效果良好。到这里，基于深度学习模型定制平台的项目开发已经完成。

图 3-62　查看模型识别结果

知识拓展

在前面的学习中，我们已经了解了在开发商品检测项目时，需要在人工智能开发平台上创建 SKU。那么 SKU 到底是什么呢？在了解 SKU 之前，需要先了解 SPU。

标准化产品单元（Standard Product Unit，SPU）是商品信息聚合的最小单位，是一组可复用、易检索的标准化信息的集合，该集合描述了一个商品的特性。

存货单位（SKU）即库存进出计量的基本单元。买家购买、商家进货、供应商备货、工厂生产都是依据 SKU 进行的。

例如，要买一部手机，那就需要先确定手机的品牌，之后还需要确定手机的型号，是买第几代？买 Pro 还是 Pro Max？确定了品牌和型号之后，就可以确定所要购买的商品，这就是 SPU。但是同一款商品还会有其他属性上的区别，比如不同的外观、不同的存储容量等，SPU 再加上这些属性，就是 SKU。所以，我们可以知道 SKU 是从属于 SPU 的，即一个 SPU 可以有多个 SKU。示例关系如图 3-63 所示。

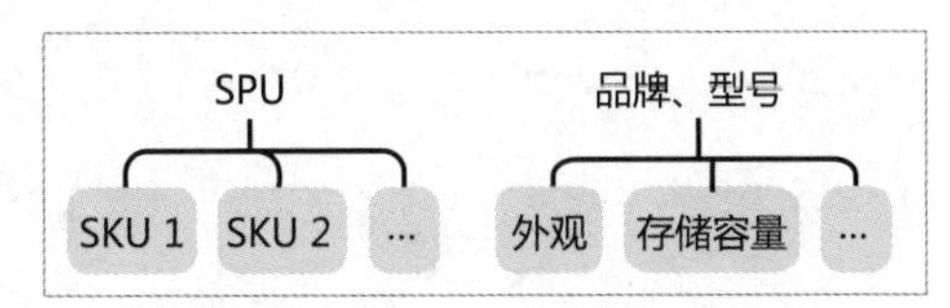

图 3-63　SKU 与 SPU 的关系

由上面的例子可以知道，单凭手机的品牌和型号，是无法确认该商品的库存情况的。要确定该商品的库存情况，必须通过 SKU。也就是说，只有确定了“品牌 + 型号 + 外观 + 存储容量”，商家才知道应该补充哪种外观、哪种存储容量的手机。因此，SKU 才被称为库存进出计量的基本单元。

课后实训

（1）智能数据服务平台不具备以下哪项功能？（　　）【单选题】

A．数据采集　　B．数据清洗　　C．数据标注　　D．模型训练

（2）关于深度学习模型定制平台，下列说法错误的是？（　　）【单选题】

A．基于 PaddlePaddle 深度学习框架构建

B．内置百亿级大数据训练的成熟预训练模型

C．缺乏数据加密的安全技术，不利于企业项目开发

D．提供数据处理、模型训练、模型部署的一站式服务

（3）关于 EasyDL 零售行业版所需的数据集，下列说法错误的是？（　　）【单选题】

A．单品图是模型训练必需的数据

B．单品图是用来合成实景图的

C．实景图需从真实的业务场景中采集

D．实景图的拍摄角度可以稍微倾斜

（4）关于货架上的商品标注规范，以下哪项是错误的？（　　）【多选题】

A．各个商品都需要单独标注

B．同品牌不同口味的商品需要分别标注

C．无明显特征且露出部分超过 70% 的商品需要标注

D．有明显特征且露出部分不超过 70% 的商品需要标注

（5）模型效果不佳时，应该如何进行模型优化？（　　）【单选题】

① 重新训练模型；②补充 SKU 单品图；③补充实景图；④重新发布模型；⑤重复优化。

A．②③①⑤④　　B．②③①④⑤　　C．③②①④⑤　　D．③②①⑤④

第2篇 深度学习数据应用

在第1篇“人工智能产品研发”中，我们已经了解了人工智能需求管理、产品设计和平台应用方面的知识，熟悉了人工智能产品设计流程，并且针对不同的应用场景进行业务需求分析，完成产品设计方案并配置了合适的人工智能开发平台。

在本篇中，我们将学习数据采集、数据处理以及数据标注的工程应用，了解图像类和文本类的数据处理方法，常用的数据标注工具与平台，最终根据业务需求完成对数据的应用。

项目 4 数据采集工程应用

04

人工智能技术正在成为推动我国经济持续增长的重要引擎，如何占据人工智能技术制高点并推动产业智能化发展，是当前加快产业转型升级，推动经济高质量发展的重要内容。而数据作为人工智能的三大基石之一，在互联网高速发展的今天，已经渗透到各个行业和业务职能领域，成为重要的生产要素，数据采集则是将这一生产要素收集起来。因此，数据采集工作为越来越多的行业所重视。

项目目标

（1）了解常见数据集和数据服务市场。
（2）熟悉行业数据采集质量要求。
（3）能够根据业务需求对数据集库进行管理操作。

项目描述

在数据采集的过程中，如果不熟悉数据的来源、采集规范以及采集质量的要求，则可能导致采集到的数据不能满足开发需要。

本项目就常见开源数据集和数据服务市场进行简单介绍，并详细解析行业数据采集的规范及采集质量的要求。最后通过介绍管理，操作 PaddlePaddle 数据集库的方法，分别查看数据集库中应用于计算机视觉领域和自然语言处理领域的相关数据集，并对其进行加载，使读者掌握加载 PaddlePaddle 内置数据集的方法以便用于后续的模型训练。

知识准备

4.1 常见数据集和数据服务市场

数据是人工智能应用的基础，而如何获取数据通常是人工智能入门者遇到的第一个问题。为此，科学家们整理出了大量数据集并开源发布，方便大家研究。接下来将简单介绍常见的开源数据集、行业数据集和数据服务市场。

4.1.1 开源数据集

人工智能模型的训练需要大量的数据才能进行。对于缺乏数据采集经验的开发者而言，必然会花费大量的精力和时间去获取优质的数据集。开源数据集则能够帮助开发者解决这些问题，为人工智能的研究与发展提供助力。接下来将介绍图像类、文本类及音频类数据集中常见的开源数据集。

1. MNIST

MNIST 数据集是美国国家标准与技术研究院收集、整理的大型手写数字图像数据集。该数据集包含用于训练集的 60000 个示例图像以及用于测试集的 10000 个示例图像。

2. CIFAR-10

CIFAR-10数据集由60000个32像素 ×32像素的彩色RGB图像组成，共包含10个不同的种类，每类有 6000 个图像。CIFAR-10 数据集包括 50000 个训练图像和 10000 个测试图像。

3. Spambase

Spambase 数据集是来自大学的经典垃圾电子邮件数据集，由 5574 条英文垃圾短信组成，属于文本类数据集。

4. SQuAD

SQuAD 数据集（Stanford Question Answering Dataset）是于 2016 年推出的一个用于自然语言处理的数据集。此数据集的所有文章选自维基百科，数据集中一共有 107785 个问题，以及配套的 536 篇文章。

5. AudioSet

AudioSet 数据集是谷歌公司于 2017 年开放的大规模的音频类数据集。该数据集包含 632 种音频类别，以及 2084320 条人工标记的每段时长为 10 秒的声音剪辑片段，包括 527 个标签，该数据集的音频片段来自 YouTube。该数据集的内容涉及范围较广，包括人类与动物的声音、乐器与不同流派音乐的声音、日常的环境声音等内容。

4.1.2 行业数据集

行业数据集作为行业内的重要生产要素，其价值不可小觑。随着信息化发展的逐步推进，数据共享使得行业数据集实现快速增值、增效，为行业的发展“添砖加瓦”。下面将介绍两个行业数据集的获取渠道。

1. 百度 AI 公开数据集计划——BROAD

百度公司于 2017 年推出百度 AI 公开数据集计划（Baidu Research Open-Access Dataset，BROAD），

该数据集中的数据都是百度公司人工智能生态的真实数据。作为全球主要的中文搜索引擎公司，百度公司积累了数量与质量兼备的真实数据，通过将数据集开源的形式，为人工智能技术提供了发展动力。

2. 阿里云天池

阿里云天池除了面向国内开发者组织大数据竞赛、免费开放人工智能学习内容和提供供开发者讨论、问答的技术社区等，近几年还开放了数以千计的数据集。

作为阿里系唯一对外开放的数据分享平台，阿里云天池拥有独家的电商商品数据和用户行为数据、优酷视频的视频数据、饿了么和全球速卖通的物流数据等。另外，它还拥有天池大赛的比赛数据，如骨科数据、天文数据和问题生成数据等。

4.1.3 数据服务市场

获取数据集的方式有多种，除了在网络上自行下载开源数据集和行业数据集，开发者也可以通过数据服务市场发布需求，通过第三方获取所需数据集。所谓数据服务是指提供数据采集、数据传输、数据存储、数据处理等数据各种形态演变的信息技术驱动的服务。随着各行各业对数据的重视程度越来越高，数据服务的市场规模也越来越大。目前，国内的数据服务厂商如雨后春笋般涌现，接下来将介绍国内常见的数据服务市场。

1. 百度数据众包平台

百度数据众包平台依托百度公司的产品体系、技术能力与行业经验积累，打造集数据采集及数据标注于一体的产品体系，助力数据资产化与数据要素流通的市场有序发展。其服务流程包括定制专属数据方案、执行数据解决方案、百度自动质检算法审核及人工 4 轮审核等，确保客户获得高质量的数据。图 4-1 所示为百度数据众包平台官网界面。

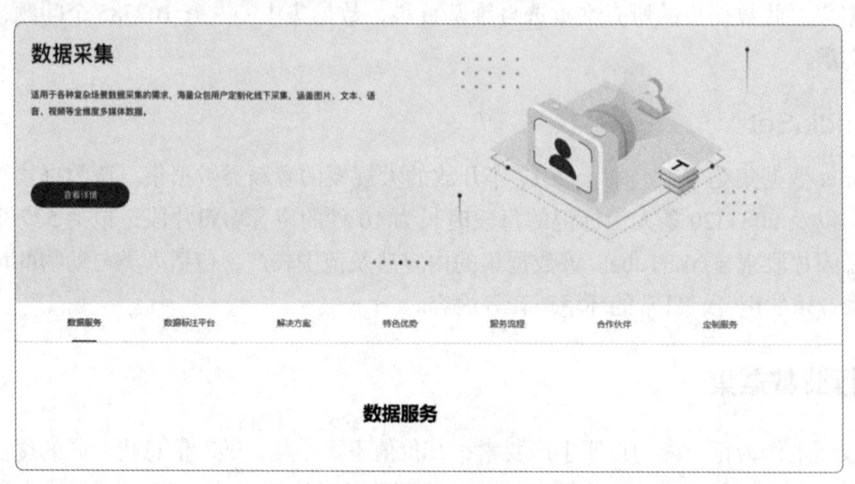

图 4-1　百度数据众包平台官网界面

2. 京东众智

京东众智是京东公司旗下的人工智能领域的数据服务平台，该平台致力于为业界提供领先的人工智能数据采集和标注的多元化解决方案，如图 4-2 所示。

图 4-2　京东众智

在数据采集方面，京东众智可精确、高效地采集图像、语音、文本等数据，适用于各种复杂场景，可为客户提供高质量的源数据。除此之外，京东众智还是人工智能数据标注处理平台，可以完成数据清洗、提取以及特殊信息标注等操作。

4.2 PaddlePaddle 内置数据集

百度 PaddlePaddle（飞桨）数据集库中内置了许多用于计算机视觉模型和自然语言处理模型训练的数据集，同时为开发者提供了方便、快捷的调用接口。这些数据集中的数据已经经过清洗，开发者只需要通过调用相关接口，就可以快速实现数据集的训练集和测试集的加载并将其用于模型训练。目前在 PaddlePaddle 数据集库中内置的数据集共有 15 个。

其中用于计算机视觉领域的数据集有“DatasetFolder”“ImageFolder”“MNIST”“FashionMNIST”“Flowers”“Cifar10”“Cifar100”以及“VOC2012”，共 8 个数据集；用于自然语言处理领域的数据集有“Conll05st”“Imdb”“Imikolov”“Movielens”“UCIHousing”“WMT14”“WMT16”，共 7 个数据集。通过调用相关接口，即可快速实现数据集的加载和调用。同时可调用数据处理方法，对数据进行处理应用。

接下来介绍本项目实施中将用到的 MNIST 数据集和 UCIHousing 数据集。

在本项目的开源数据集部分已经介绍过，MNIST 数据集是由 250 个不同的人的从 0 到 9 的手写数字整合而成的图像数据集，而 PaddlePaddle 中内置的 MNIST 数据集是经过处理后得到的，PaddlePaddle 提供的数据集有“train”和“test”两种模式，分别对应加载训练集和加载测试集。在本项目实施中，主要加载 MNIST 的训练集，通过调用 PaddlePaddle 中集成的相关接口即可实现数据集的加载。加载完成的数据集可直接用于深度学习模型的训练，最终实现输入手写数字图像并返回预测结果的功能。

UCIHousing 数据集是用于预测波士顿房价的数据集，常作为深度学习初学者在入门自然语言处理时进行房价预测使用的数据集。原始数据集中包含 13 个影响房价的因素数据和对应房屋的价格数据，在自然语言处理的模型中，需要将文本数据进行优化处理后才能输入模型进行训练。而内置在 PaddlePaddle 中的数据集都已经经过了处理，因此不需要再进行数据处理等操作。

4.3 数据采集质量要求

在人工智能深度学习应用开发过程中，除了使用开源数据集，也可以自行构建数据集，但需要注意数据采集的质量。对于数据采集的质量要求，国家给出了相应的标准。接下来将以2021年4月30号发布的《智慧城市　数据融合　第3部分：数据采集规范》(标准号：GB/T 36625.3—2021)为例，详细介绍数据采集的质量要求。

4.3.1 数据质量控制原则

对数据的质量控制应贯穿整个采集过程，遵循但不限于以下原则。

(1)完整性：应包含数据规则要求的数据的必要元素。

(2)准确性：应真实反映数据所描述的实体。

(3)一致性：应保证数据与其他特定上下文中使用的数据无矛盾。

(4)时效性：应保证数据发生变化后及时被更新。

(5)可访问性：应保证数据在需要时能被安全访问。

(6)可追溯性：应保证数据能够被跟踪和管理。

4.3.2 数据质量控制方式

数据质量关乎深度学习模型的效果。在上文提到的标准文件中，也提到了数据质量的控制方式。数据采集分析过程中包含数据清洗、数据转换、数据分析3个环节。只有对数据采集分析过程中的环节重重把关，才能保证所采集的数据的质量达到要求。

1. 数据清洗

数据清洗过程管理应包括但不限于以下原则。

(1)数据分析：应对数据源进行分析，及时发现数据源存在的质量问题。

(2)定义清洗规则：包括空值的检查和处理、非法值的检测和处理、不一致数据的检测和处理、相似重复记录的检测和处理等。

(3)执行数据清洗规则：依据定义的清洗规则，补足残缺/空值、纠正不一致、完成数据拆分、数据合并或去重、数据脱敏、数据除噪等。

(4)清洗结果验证：数据清洗方应对定义的清洗方法的正确性和效率进行验证与评估，对不满足清洗要求的清洗方法进行调整和改进。数据清洗过程宜多次迭代并进行分析、设计和验证。

2. 数据转换

数据转换是将数据从一种表示形式变为另一种表现形式的过程，在数据采集过程中，应对数据的标准代码、格式、类型等进行一定的转换。

3. 数据分析

数据分析是为了提取有用信息并形成结论，而对数据加以详细研究和概括总结的过程。在数据分析过程中，应通过数据聚合、数据归类、数据关联等方法，分析采集的数据，形成上下文完整有效的数据。

4.3.3 数据质量评价方法

对于所采集到的数据,《智慧城市　数据融合　第 3 部分：数据采集规范》文件中给出了相应的标准以供评价，数据质量评价方法具体可分为定性评价法和定量评价法。

（1）定性评价法可根据事先确定的评价指标，对数据的安全性、目的、用途、日志以及用户自定义项目进行评价。

（2）定量评价法可采用数据质量检测软件检查数据质量，也可通过辅助工具结合人工识别分析方法进行人工检查。一般可分为全数检查和抽样检查。全数检查是针对国家强制要求、特殊要求、其他可能导致严重影响的数据质量项目进行所有数据的逐一检查；抽样检查则是针对质量比较稳定、数据量较大、检查费用与时间有限的情况，抽取部分数据作为样本进行检查。

项目实施　加载 PaddlePaddle 内置数据集

4.4 实施思路

基于对项目描述和知识准备内容的学习，我们已经了解了常见的数据服务市场以及开源的数据集，熟悉了行业数据采集的质量要求，同时也了解到在 PaddlePaddle 的数据集库中内置了丰富的数据集。接下来将通过加载计算机视觉领域的数据集 MNIST 和自然语言处理领域的数据集 UCIHousing，并查看数据集的部分数据，使读者掌握加载 PaddlePaddle 内置数据集的方法，并对数据集进行查看。本项目的实施步骤如下。

（1）查看数据集库。

（2）加载数据集。

（3）查看数据。

4.5 实施步骤

步骤 1：查看数据集库

通过知识准备的学习，我们已经了解了 PaddlePaddle 数据集库中内置了计算机视觉领域和自然语言处理领域的数据集，可通过以下代码查看 PaddlePaddle 内置的相关数据集。

```
# 导入 paddle 库
import paddle

# 查看计算机视觉领域的相关数据集
print('计算机视觉相关数据集：', paddle.vision.datasets.__all__)
# 查看自然语言处理领域的相关数据集
print('自然语言相关数据集：', paddle.text.__all__)
```

输出结果如下。

```
计算机视觉领域的相关数据集： ['DatasetFolder', 'ImageFolder', 'MNIST', 'FashionMNIST', 'Flowers', 'Cifar10', 'Cifar100', 'VOC2012']
自然语言处理领域的相关数据集： ['Conll05st', 'Imdb', 'Imikolov', 'Movielens', 'UCIHousing', 'WMT14', 'WMT16']
```

根据输出结果可以看到，计算机视觉领域的相关数据集共有 8 个，自然语言处理领域的相关数据集共有 7 个。

步骤 2：加载数据集

查看完 PaddlePaddle 数据集库中内置的数据集后，接下来将加载计算机视觉领域中应用于手写数字识别的 MNIST 数据集以及自然语言处理领域中应用于预测房价的 UCIHousing 数据集。可通过下面的代码调用 PaddlePaddle 提供的数据集接口，并加载数据集。


```
# 导入 paddle 库
import paddle

# 加载 MNIST 训练数据集
mnist_train = paddle.vision.datasets.MNIST(mode='train')
# 加载 UCIHousing 训练数据集
uci_train = paddle.text.UCIHousing(mode='train')
```

输出结果如下。

```
Begin to download
……
Download finished
```

输出结果中出现“Download finished”字样即表示数据集加载成功。

步骤 3：查看数据

加载完数据集后，可以分别查看对应数据集的数据信息，具体步骤如下。

（1）对应用于手写数字识别的数据集 MNIST 进行查看，具体步骤如下。

① 首先可以查看训练集的数据量，代码如下。

```
# 查看 MNIST 训练集数据量
len(mnist_train)
```

输出结果如下。

```
60000
```

根据输出结果可以看到，用于手写数字识别的 MNIST 数据集的训练集有 60000 条数据。

② 查看完数据量后，可以提取出训练集中的第一个数据，查看其相关信息，代码如下。

```
# 提取 MNIST 训练集的第一个数据
mnist_train[0]
```

输出结果如下。

```
(<PIL.Image.Image image mode=L size=28x28 at 0x7F5BAF8DC910>, array([5]))
```

根据输出结果可以看到，在返回的数据中，第一项为提取的图像，图像大小为“28×28”，第二项为图像所对应的标签“5”。

③ 接下来可以将图像对象提取出来进行显示，并将对应标签显示在图像下方，同时查看图像的大小，代码如下。

```
import matplotlib.pyplot as plt
plt.imshow(data[0][0])
plt.show()
print("图像对应的标签为：",data[0][1][0])
print("图像的大小为：",data[0][0].size)
```

输出结果如图 4-3 所示。

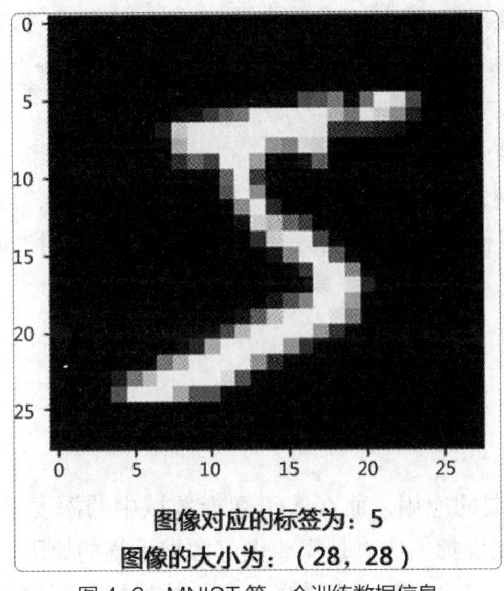

图 4-3　MNIST 第一个训练数据信息

根据输出结果可以看到，MNIST 训练集中的第一个数据是大小为“28×28”的图像，图像内容为手写数字 5，对应的图像标签为“5”。

（2）对用于房价预测的数据集 UCIHousing 进行查看，具体步骤如下。

① 首先可以查看训练集的数据量，代码如下。

```
# 查看 UCIHousing 训练集数据量
len(uci_train)
```

输出结果如下。

```
404
```

根据输出结果可以看到，用于房价预测的 UCIHousing 数据集的训练集有 404 条数据。

② 通过对知识准备的学习，我们已经了解到，原始 UCIHousing 数据集中包含 13 个影响房价的因素数据以及受这些因素影响后的房屋价格数据，而 PaddlePaddle 中已对这些数据进行了处

理，可以通过输出其第一条数据查看特征化后的数据，了解经过处理之后的房价预测数据，代码如下。

```
# 输出 UCIHousing 训练集的第一条数据
print("第一条数据总览:",uci_train[0])
# 查看 13 个影响因素数据
print("13 个影响因素处理后的数据:",uci_train[0][0])
# 查看房屋价格数据
print("房屋价格处理后的数据:",uci_train[0][1][0])
```

输出结果如下。

```
第一条数据总览:(array([-0.0405441 , 0.06636363 , -0.32356226 , -0.06916996 ,
-0.03435197 , 0.05563625 , -0.03475696 , 0.02682186 , -0.37171334 ,
-0.21419305 , -0.33569506 , 0.10143217 , -0.21172912], dtype=float32),
array([24.], dtype=float32))
13 个影响因素处理后的数据:[-0.0405441    0.06636363    -0.32356226    -0.06916996
-0.03435197    0.05563625    -0.03475696    0.02682186    -0.37171334    -0.21419305
-0.33569506  0.10143217    -0.21772912]
房屋价格处理后的数据:24.0
```

根据输出结果可以看到，UCIHousing 训练集的第一条数据中，13 个影响因素已经全部经过归一化处理，且对应的房屋价格标签为 24.0。至此，已经完成了对 PaddlePaddle 内置数据集的加载和查看操作。

知识拓展

人工智能的基础是数据的应用，而在人工智能领域中的深度学习分支中，数据的质量及数量会直接影响模型的性能发挥，这也是需要做好数据采集的原因。但在利用数据训练模型的过程中，数据采集只是第一步，接着还有数据处理、数据标注及数据存储等关键技术。本篇的项目 5 和项目 6 将详细讲解数据处理以及数据标注的流程，在此不赘述，下面将简单介绍数据存储。

人工智能可以帮助企业利用其核心数字资产创造竞争优势，随着企业积累的数据越来越多、越来越好，其模型算法也会得到完善和改进，这意味着很少的数据会被丢弃，数据随着时间的推移逐渐积累并重新被处理，因此必须考虑数据存储的问题。在选择人工智能数据存储平台之前，企业应该从费用、可扩展性、性能 3 个方面来综合考虑数据存储的方法。

（1）费用。人工智能数据存储平台的性价比是企业考虑的关键因素。管理层的目标一般包括使数据存储尽可能地具备成本效益。通常情况下，费用这一因素将影响企业的产品选择和策略。

（2）可扩展性。企业通常需要收集、存储和处理大量数据用以创建人工智能模型。创建并训练准确率高的人工智能模型可能需要 TB 甚至更大容量的数据，随着企业存储的数据越来越多，人工智能数据存储平台的可扩展性也变得越来越重要。

（3）性能。人工智能数据的存储性能分析关乎数据存储的安全及处理速度，如存储器的延迟可能会限制每个输入 / 输出（Input/Output，I/O）请求的处理速度，也就是说，降低延迟能够直接影响创建机器学习或深度学习模型所需的时间。另外则是吞吐量，吞吐量指的是在人工智能数据存储平台单位时间内写入或读取数据的速度。吞吐量对于人工智能模型的训练很重要，因为在训练过程中往往会处理大量数据集，通常会反复读取数据以确保准确开发模型。

课后实训

（1）数据采集质量控制原则不包含以下哪项？（　　）【单选题】

A．完整性　　B．准确性　　C．可读性　　D．时效性

（2）数据采集分析过程包含以下哪个环节？（　　）【单选题】

A．数据清洗　　B．数据完善　　C．数据存储　　D．数据优化

（3）数据采集的质量要求包含以下哪几项？（　　）【多选题】

A．数据质量控制原则　　B．数据质量控制方式

C．数据质量评价方法　　D．数据质量标准定制

（4）数据清洗原则包含以下哪几项？（　　）【多选题】

A．数据分析　　B．定义清洗规则

C．执行数据清洗规则　　D．清洗结果验证

（5）数据质量评价方法包括以下哪两项？（　　）【多选题】

A．定性评价法　　B．绝对评价法　　C．定量评价法　　D．相对评价法

项目5 数据处理工程应用

05

在机器学习和深度学习领域，通过数据处理选取合适的数据特征，往往能够带来更简单的模型和更好的结果。算法通常只能逼近人工智能模型应用效果的上限，而数据处理直接决定了人工智能模型应用效果的上限。

项目目标

（1）了解常见应用场景的数据特征。
（2）掌握数据预处理的方法。
（3）掌握数据特征可视化的方法。
（4）掌握数据特征挖掘的方法。

项目描述

本项目将深入介绍数据特征的概念，以及通过数据处理挖掘数据特征的方法，并且通过对汽车油耗量数据集进行数据预处理、特征挖掘等实操步骤来帮助读者巩固相关知识。

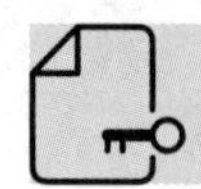

知识准备

5.1 数据特征

在进行数据特征的挖掘前应先了解什么是数据特征。数据有着相应的特征，如在本项目中所使用的汽车油耗量数据集中，数据特征包括外部温度、汽油种类和天气状况等，但并非所有的特征都可以用于建模。区分特征是否可用的关键是看其对解决问题有没有意义。数据特征可以理解为对于建模任务有意义的特征。以下介绍 3 个常见场景下的数据特征。

1. 物体检测

物体检测是计算机视觉领域的一个热门方向。传统物体检测有两个非常重要的步骤——特征提取和机器学习，其中特征提取的步骤较为复杂，需要人为选取特征并进行特征处理。特征的质量对于识别的精确度起着至关重要的作用。图像数据的特征种类非常多，主要包括颜色特征、纹理特征、区域特征、边缘特征等。

2. 销量预测

对商品的特征进行挖掘和分析，可以帮助开发者建立更准确的商品销售预测模型，有助于商家对商品进行合理进货和布局。商品销量预测数据的特征一般包含商店名称、商品类型、商品价格、商品销量等。

3. 语音交互

语音交互包含语音识别、语音处理以及语音合成。人类语音中的词汇内容需要转换为模型可读的数据进行输入。语音的特征包括阅读的速度、声调和内容等。

5.2 特征工程

特征工程指的是利用数据所在领域的相关知识来构建特征，将这些特征运用到预测模型中，以提高模型的预测精度。特征工程的目的在于发现对预测结果有明显影响的重要特征，其常见步骤包括数据预处理、数据特征可视化和数据特征挖掘。

5.2.1 数据预处理

数据预处理是特征工程的第一步。数据预处理一般包括数据清洗和数据分析等步骤。

由于在真实的数据采集过程中，用作分析的数据集不可避免地会存在许多缺失值、异常值等，因此需要进行数据清洗。在数据清洗的过程中需要注意流程的规范，以保证清洗后的数据质量。

数据分析需要根据实际的任务需求来进行，没有十分固定的分析流程。在正式分析之前，更重要的是明确分析的意义，厘清分析思路之后再进行数据处理和分析，这样做往往会事半功倍。

5.2.2 数据特征可视化

为了更好地对数据特征进行分析，挖掘重要的特征，需要进行数据特征可视化。进行数据特征可视化能够更加直观地体现数据的特征，而要实现数据特征可视化一般离不开 Matplotlib 库和 seaborn 库。相比于 Matplotlib 库，seaborn 库可以提供更高层次的接口，能够用更少的参数进行数据可视化。利用 seaborn 库进行数据特征可视化的主要代码说明如表 5-1 所示。

表5-1　利用seaborn库进行数据特征可视化的主要代码说明

代码	功能
import seaborn as sns	导入 seaborn 库
sns.stripplot(x,y,data,jitter,hue)	分类散点图 x：x 轴数据 y：y 轴数据 data：用于绘制的数据集 jitter：用于分开重合的数据点 hue：进行内部分类 以下相同参数用法相同
swarmplot(x,y,data,jitter,hue)	分类散点图（防止点重叠）
sns.boxplot(x,y,data,jitter,hue)	分类分布图（箱线图）
sns.violinplot(x,y,data,jitter,hue)	分类分布图（小提琴图）
sns.pointplot(x,y,data,jitter,hue)	分类估计图（点线图）
sns.barplot(x,y,data,jitter,hue)	分类估计图（条形图）
sns.countplot(x,y,data,jitter,hue)	分类估计图（计数条形图）
sns.catplot(x,y,kind,data,jitter,hue)	默认散点图 kind=swarm：散点图 kind=box：箱线图 kind=violin：小提琴图 kind=point：点线图 kind=bar：条形图 kind=count：计数条形图
plt.title(name,fontsize)	设置图像名称 name：标题名称 fontsize：标题尺寸
plt.xlabel(name,fontsize) plt.ylabel(name,fontsize)	设置 x 轴 /y 轴 name：坐标轴名称 fontsize：坐标轴尺寸
plt.show()	展示图片

5.2.3　数据特征挖掘

对数据的特征有一定了解后，需要从大量的特征中选择少量的可用特征。特征并不都是“平等”的，与问题不相关的特征需要被删除。还有些特征与其他重要特征相比是冗余的。而特征选择就是自动选择对于问题最重要的特征的一个子集，其目的在于简化模型、缩短模型训练时间、提高模型通用性等。本项目所使用的数据集数据量不大，可以通过相关性分析来进行数据特征挖掘。

相关性分析一般使用皮尔逊相关系数进行计算。皮尔逊相关系数用于度量两个变量之间的线性相关程度。其取值范围为［-1.0, 1.0］。如表 5-2 所示，通常情况下，可以通过皮尔逊相关系数的取值范围判断变量的相关性。

表5-2 皮尔逊相关系数的数值解释

相关性	负	正
无	[−0.1，0.0]	[0.0，0.1]
弱	[−0.3，−0.1)	(0.1，0.3]
中	[−0.5，−0.3)	(0.3，0.5]
强	[−1.0，−0.5)	(0.5，1.0]

项目实施 汽车油耗量数据挖掘

5.3 实施思路

基于对项目描述和知识准备内容的学习，我们已经对数据特征和特征工程有了一定了解。接下来对汽车油耗量数据集进行处理，来进一步理解数据特征和特征工程，具体步骤如下。

（1）导入项目所需的库。

（2）读取数据。

（3）重命名列表。

（4）概览数据。

（5）数据预处理。

（6）数据特征可视化。

（7）数据特征挖掘。

5.4 实施步骤

步骤1：导入项目所需的库

首先，需要将项目所需的Python库全部导入，代码如下。

```
import pandas as pd
import numpy as np
import matplotlib.pyplot as plt
import seaborn as sns
```

步骤2：读取数据

（1）本项目所需数据集保存在人工智能交互式在线实训及算法校验系统实验环境的data目录下，文件名为“汽车油耗量数据集.csv”，将其下载至本地。

（2）该数据集包含388条数据。汽车油耗量数据集数据的说明如表5-3所示。

表5-3 汽车油耗量数据集数据的说明

数据名称	说明
distance	汽车某次行驶的距离
speed	汽车某次行驶的平均速度
temp_inside	汽车在某次行驶时其内部的温度
temp_outside	汽车在某次行驶时其外部的温度
92	汽车在某次行驶时是否使用 92 号汽油
98	汽车在某次行驶时是否使用 98 号汽油
snow	汽车在某次行驶时是否下雪
sun	汽车在某次行驶时是否天晴
rain	汽车在某次行驶时是否下雨
ac	汽车在某次行驶时是否开启空调
consume	汽车行驶油耗量

（3）因数据为 CSV 文件，所以采用 read_csv() 函数进行数据读取，代码如下。

```
data = pd.read_csv('./data/gas_use.csv').drop('Unnamed: 0',axis = 1)
```

步骤 3：重命名列表

为了使读取的结果具有更好的可读性，需要对列名进行重命名，代码如下。

```
calNameDict={
  'distance':'距离',
  'speed':'平均速度',
  'temp_inside':'内部温度',
  'temp_outside':'外部温度',
  '92':'92 号汽油',
  '98':'98 号汽油',
  'snow':'下雪',
  'ac':'空调',
  'sun':'晴天',
  'rain':'雨天',
  'consume':'油耗量'
}

data.rename(columns=calNameDict, inplace=True)
```

步骤 4：概览数据

（1）读取数据以后，使用 head() 函数概览数据。改变 head() 函数中参数的值可以查看对应行数的数据情况，此处设置为默认值 5。

```
data.head(5)
```

输出结果如下（数据无单位）。

	距离	平均速度	内部温度	外部温度	92号汽油	98号汽油	下雪	空调	晴天	雨天	油耗量
0	−0.161146	−0.068230	0.069749	−0.05124	0	1	0	0	0	0	1.504077
1	−0.280257	−0.656530	0.069749	0.94997	0	1	0	0	0	0	1.526056
2	−0.297903	−0.730067	−1.909557	−0.05124	0	1	0	0	0	0	1.629241
3	−0.103796	−0.435917	0.069749	1.52209	0	1	0	0	0	0	1.435085
4	0.328535	1.990816	0.564576	−0.48033	0	1	0	0	0	0	1.609438

（2）使用 info() 函数查看数据信息，代码如下。

```
data.info() # 查看数据信息
```

输出结果如下。

```
<class 'pandas.core.frame.DataFrame'>
RangeIndex: 388 entries, 0 to 387
Data columns (total 11 columns):
距离       388 non-null float64
平均速度    388 non-null float64
内部温度    388 non-null float64
外部温度    388 non-null float64
92 号汽油  388 non-null int64
98 号汽油  388 non-null int64
下雪       388 non-null int64
空调       388 non-null int64
晴天       388 non-null int64
雨天       388 non-null int64
油耗量     388 non-null float64
dtypes: float64(5), int64(6)
memory usage: 33.4 KB
```

可以看到，该数据集总共有 388 条数据。也可以看到各特征的数据类型，如距离、平均速度为 float64 类型，晴天为 int64 类型等。

步骤 5：数据预处理

在简单了解完数据以后，需要进行数据预处理。首先，查看是否存在缺失数据。由于数据量较大，不宜直接采用 isnull() 函数查看全部数据，可以加入 any() 函数查看是否存在缺失数据，代码如下。

```
data.isnull().any() # 查看是否存在缺失数据
```

输出结果如下。

```
距离              False
平均速度           False
内部温度          False
外部温度          False
92 号汽油         False
98 号汽油        False
下雪          False
空调          False
晴天          False
雨天          False
油耗量        False
dtype: bool
```


从输出结果可以看到，本项目数据完整，无缺失数据。

对于异常数据，只需要针对因变量进行检测，检测其是否在正常范围内，代码如下。

```
print((data['油耗量'].values>20).any())
print((data['油耗量'].values<0).any())
```

输出结果如下。

```
False
False
```

根据输出结果可知，油耗量特征无异常数据。至此，数据预处理完成。

步骤 6：数据特征可视化

接下来进行数据特征可视化，这里选取晴天和汽油种类特征来进行分析。首先需了解油耗量的大致分布，这样在分析其他因素对油耗量的影响时会更有针对性，再分析其他特征对油耗量的影响。

（1）使用计数条形图分析油耗量分布，并对其进行可视化处理，代码如下。

```
# 油耗量分布
consume = sns.countplot(data['油耗量'].round(2))
consume.set_title('油耗量分布')
consume.set_ylabel('计数')
consume.set_xlabel('油耗量')
consume.set_xticklabels(consume.get_xticklabels(), rotation=90)
plt.show()
```

输出结果如图 5-1 所示，可以看出油耗量基本集中在 1.36 ～ 1.67。检查完油耗量的分布之后，可以继续查看其他特征的分布。

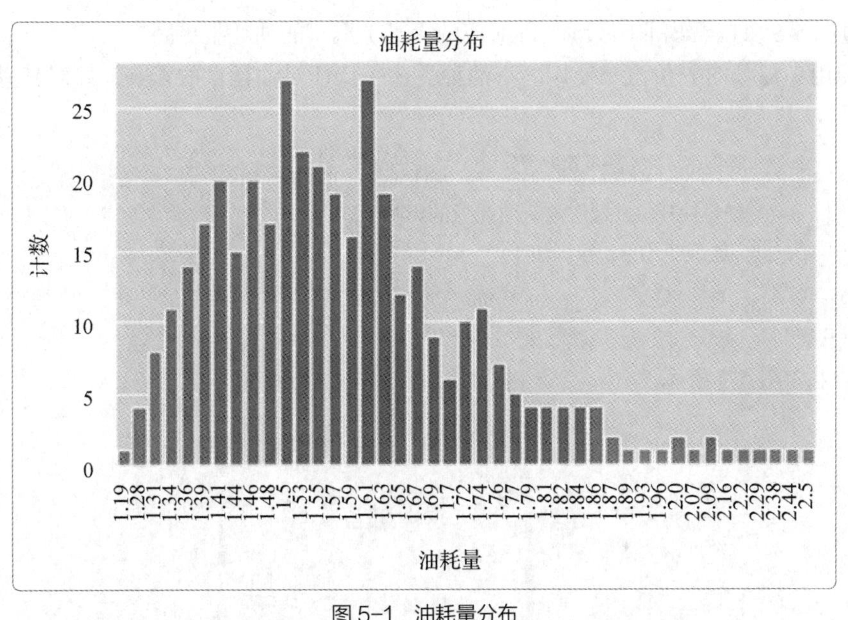

图 5-1 油耗量分布

（2）使用箱线图分析晴天特征对油耗量的影响，并对其进行可视化处理，代码如下。

```
# 是否晴天对应油耗量的箱线图
sns.boxplot(x='晴天', y='油耗量', data=data)
plt.title('是否晴天对应油耗量的分布')
plt.xlabel('是否晴天')
plt.ylabel('油耗量')
plt.show()
```

输出结果如图 5-2 所示。

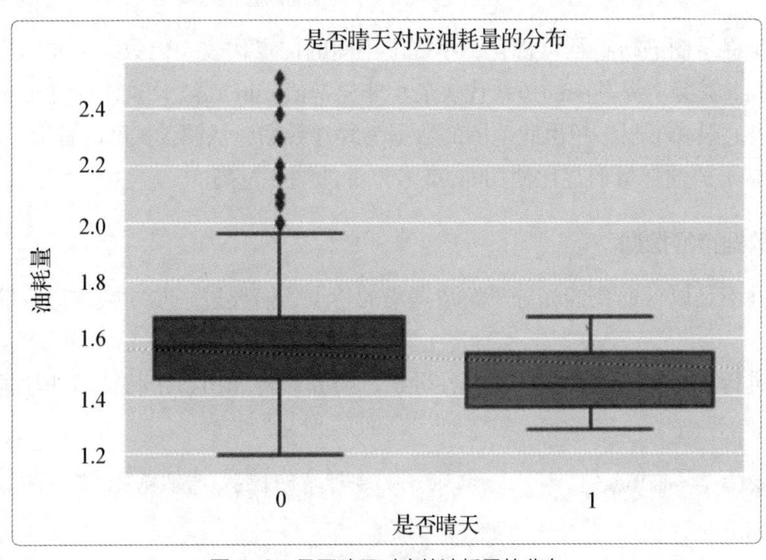

图 5-2 是否晴天对应的油耗量的分布

在箱线图中，箱子中间的一条线代表数据的中位数，箱子的上下限分别代表数据的上四分位数和下四分位数，箱子上方的线代表最大值，箱子下方的线代表最小值。箱子外的点则代表离群值。通过图 5-2 可以看出非晴天时（0 对应的箱子）汽车的油耗量更高。

（3）使用小提琴图分析汽车使用的汽油种类这一特征对油耗量的影响，并对其进行可视化，代码如下。

```
sns.violinplot(x='92 号汽油 ', y=' 油耗量 ', data=data)
plt.title(' 是否使用 92 号汽油对油耗量的影响 ')
plt.xlabel(' 是否使用 92 号汽油 ')
plt.ylabel(' 油耗量 ')
plt.show()
```

输出结果如图 5-3 所示。

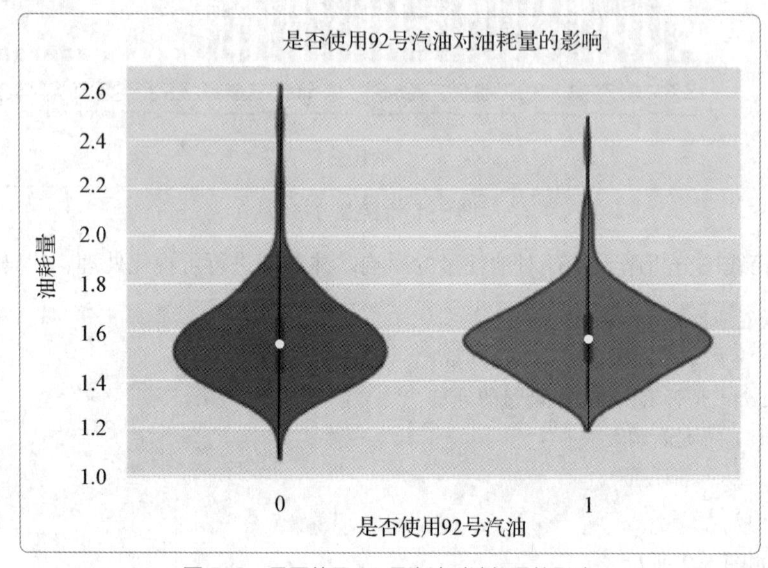

图 5-3　是否使用 92 号汽油对油耗量的影响

这里采用小提琴图进行特征可视化，小提琴中间的白点代表中位数，中间的黑色粗条代表四分位数范围。上下贯穿小提琴图的黑线代表最小非异常值 min 到最大非异常值 max 的区间，线的上下端分别代表上限和下限，超出此范围的数据为异常数据。从图 5-3 可以看出，使用 92 号汽油（0 对应的小提琴）的油耗量明显比使用非 92 号汽油的油耗量高。

步骤 7：数据特征挖掘

上述步骤并不足以帮助我们充分了解数据集的特点，需要进一步对数据进行挖掘来发现数据之间的相关性。

（1）首先进行各特征与油耗量的相关性分析，需要先计算出各个特征与油耗量的相关性，代码如下。

```
data.corr()[' 油耗量 '].sort_values() # 计算各个特征与油耗量的相关性
```

输出结果如下。

```
外部温度        -0.372863
平均速度         -0.201205
晴天     -0.193843
```

```
内部温度      -0.164727
距离       -0.111859
98 号汽油     -0.034650
92 号汽油      0.034650
空调        0.034745
下雪        0.079628
雨天        0.201836
油耗量        1.000000
Name: 油耗量, dtype: float64
```

（2）选取特征进行相关性热力图的绘制，代码如下。

```
col=data.columns
plt.figure(figsize=(15,15)) #设置热力图大小
cm=np.corrcoef(data[col].values.T)
hm=sns.heatmap(cm,annot=True,yticklabels=col.values,xticklabels=col.
values) #绘制相关性热力图
plt.show()
```

输出结果如图 5-4 所示，可以直观地从生成的热力图中感受到哪种特征对油耗量的影响更大。越接近 1（颜色越浅）的特征代表正相关性越强，越接近 -1（颜色越深）的特征代表负相关性越强。由图 5-4 可知，外部温度对油耗量的影响较大，属于高相关特征。

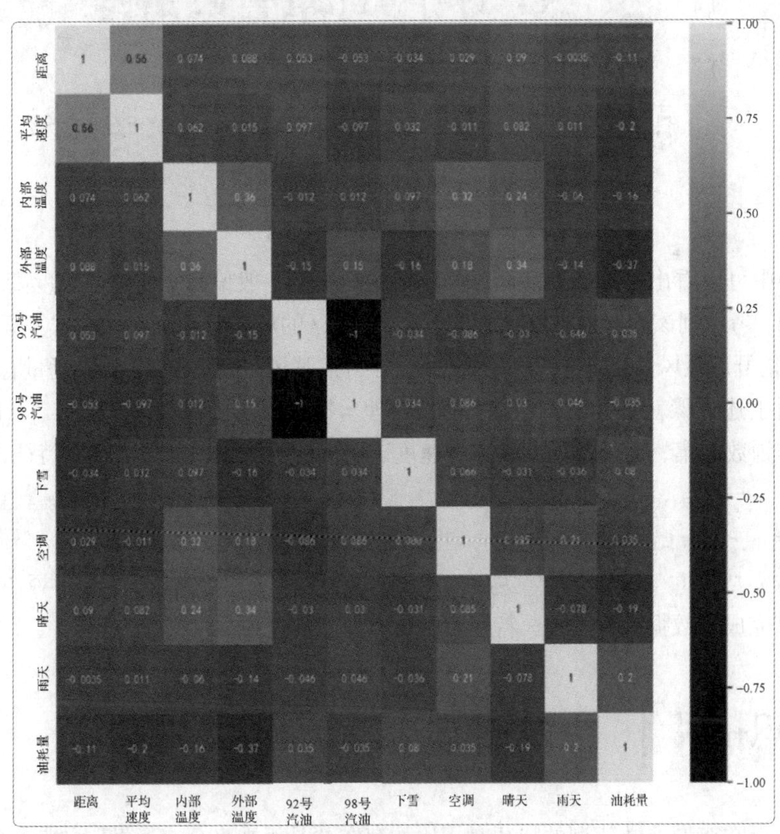

图 5-4 相关性热力图

（3）使用箱线图分析外部温度对油耗量的影响，并将外部温度与油耗量的分布情况可视化，代码如下。

```
temp = sns.boxplot(x=data['外部温度'].round(2),y=data['油耗量'])
temp.axes.set_title('外部温度对油耗量的影响')
temp.set_xlabel('外部温度')
temp.set_ylabel('油耗量')
temp.set_xticklabels(temp.get_xticklabels(), rotation=90)
plt.show()
```

输出结果如图 5-5 所示。

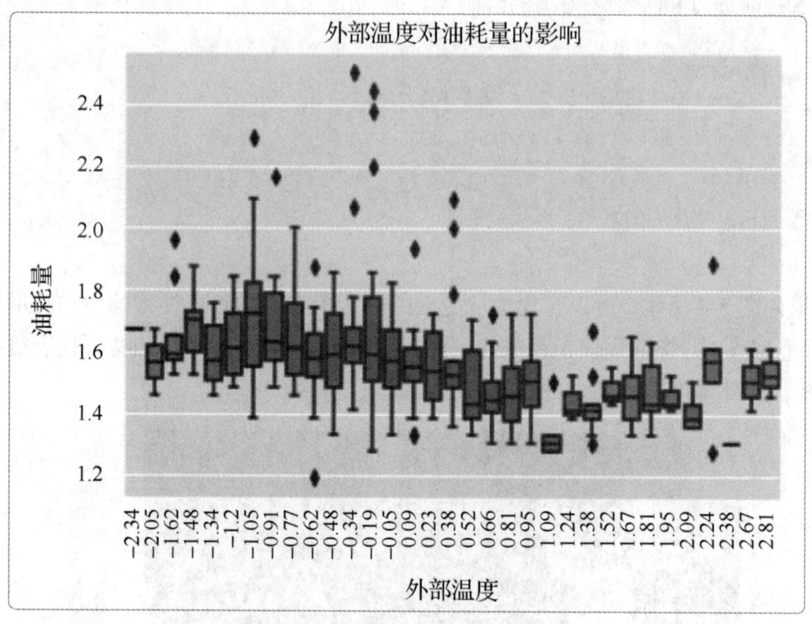

图 5-5　外部温度对油耗量的影响

从图 5-5 中可以看出，外部温度低时，汽车的油耗量一般偏高；而外部温度高时，汽车的油耗量一般偏低。考虑到该数据集取自加拿大地区，该地区的最高温度为 20℃左右，所以在温度低的时候，车主可能开启暖风，在温度高的时候则可能不开启暖风，因此导致汽车油耗量有明显差异。

（4）经过上述步骤就基本完成了数据的预处理、特征可视化以及特征挖掘，下面导出相关性前 5 的特征作为数据集，即外部温度、平均速度、雨天、晴天和内部温度 5 个特征代码如下。

```
data_new = data.corr()['油耗量'].abs().sort_values(ascending =False).index[1:6]
data_new = data.loc[:,data_new]
data_new.to_csv('gas_used_clean.csv',encoding='utf_8_sig',index=False)
```

到此，已完成了数据的预处理、特征可视化以及特征挖掘。

知识拓展

当数据中存在离散非数值型的特征时，比如存在“是否乘坐公交通勤”的特征时，其中该特

征取值为 Y 或 N，可以使用独热编码的方式将其转换成计算机可以处理的格式。具体地，独热编码会为每一个特征取值创建一个变量进行存储，如采用独热编码对上述“是否乘坐公交通勤”特征进行转换的话，最后可得到两个变量。对于有 M 个特征取值的特征，则有 M 个变量来进行存储，并且这 M 个变量中只有一个变量的值为 1，这也是独热编码名字的来源。使用 pandas 库，可以很方便地对数据中的列进行转换，参考代码如下。

```
import pandas as pd
dummies = pd.get_dummies(data)
```

课后实训

（1）以下哪一函数可用来判断数据是否有缺失值？（　　）【单选题】

A．data.duplicated()　B．data.head()　C．data.drop()　D．data.isnull()

（2）以下哪一项系数代表的相关性最强？（　　）【单选题】

A．0.1　B．−0.5　C．0.3　D．−0.2

（3）在热力图中，颜色越浅的特征代表以下哪种相关性？（　　）【单选题】

A．强相关性　B．弱相关性　C．无相关性　D．两者之间无联系

（4）箱线图中间的一条线代表的是（　　）。【单选题】

A．中位数　B．平均数　C．众数　D．方差

（5）绘制散点图的函数是（　　）。【单选题】

A．swarmplot()　B．boxplot()　C．violinplot()　D．barplot()

项目 6 数据标注工程应用

06

在深度学习数据应用中，数据标注是指数据标注人员借助标注工具，对文本、语音、图像、视频等数据做出标注，让算法可以理解这些标注，从而不断学习，最终实现机器智能。

项目目标

（1）了解常用数据标注工具与平台。
（2）熟悉常见领域数据标注的常见任务。
（3）能够针对应用场景进行数据标注。

项目描述

数据标注的准确性决定了人工智能算法的有效性，因此，数据标注工作的开展不仅是选择技术、工具和平台，更需要有质量标准的保障。本项目将简单介绍常见的数据标注工具与平台，并带领读者熟悉数据标注的格式与质量标准，最后基于 EasyData 开展图像分类、物体检测、图像分割、文本分类和短文本相似度数据集的标注实操，以帮助读者掌握数据标注的方法。

知识准备

6.1 数据标注工具与平台

简单易用、灵活高效的标注工具，能够帮助数据标注人员更好地开展工作，那么数据标注工具与平台的选择，自然是进行数据标注的第一步。接下来将简单介绍图像数据、文本数据以及音频数据的标注工具，并介绍一些常用的数据标注平台。

6.1.1 图像数据标注工具

“工欲善其事，必先利其器”，合适的图像数据标注工具能够帮助数据标注人员更好地进行图像标注。以下为一些常见的图像数据标注工具。

1. EasyData

EasyData 是百度公司提供的一种优秀的数据处理工具，其使用门槛低并且操作方便。EasyData 支持对图像、文本、音频和视频等多种类型的数据进行标注。在图像方面，它支持图像分类、物体检测、语义分割 3 类数据标注。

2. LabelImg

LabelImg 是一种可视化的图像数据标注工具，主要用于物体检测。LabelImg 采用 Python 编写而成，并配置有图形化界面。LabelImg 支持两种标注格式，即 VOC 格式和 YOLO 格式。若使用 VOC 格式，则其标注信息存储于 XML 文件中；若使用 YOLO 格式，则其标注信息存储于 TXT 文件中。

3. LabelMe

LabelMe 是一种用于在线图像数据标注的标注工具，主要用于物体检测和语义分割。LabelMe 支持将数据导出为 VOC 格式与 COCO 格式。另外，LabelMe 支持通过矩形框、多边形、圆、线、点等组件进行图像标注，同时也支持视频标注。

4. CVAT

CVAT 是一种支持图像与视频数据标注的计算机视觉标注工具，它支持图像分类、物体检测、语义分割、实例分割 4 类数据标注。

5. VoTT

VoTT 是微软公司发布的视觉数据标注工具。它支持图像与视频数据标注，同时支持导出用于 CNTK、TensorFlow 和 YOLO 等进行训练的标注数据。

在计算机视觉领域，除了以上 5 种图像数据标注工具外，还有许多优秀的开源数据标注工具，包括 IAT、Yolo_mark、PixelAnnotationTool 等。本项目将采用百度公司的 EasyData 完成各项标注任务。

6.1.2 文本数据标注工具

用于文本数据标注的工具主要有 BRAT、DeepDive、IEPY 等，以下是这 3 种文本数据标注工具的介绍。

1. BRAT

BRAT 是一种基于 Web 的文本数据标注工具，主要用于对文本进行结构化标注，其主要的特点是在标注实体的同时可以进行关系的标注。用 BRAT 生成的标注结果能够对无结构的原始文本进行结构化，以供计算机处理。

2. DeepDive

DeepDive 是一种从暗数据（dark data）中提取有价值信息的系统，暗数据指的是隐藏在文本、表格、图形和图像中的大量数据，由于这类数据缺乏相应结构，现有软件基本无法处理这些数据。DeepDive 能够从非结构化信息（文本文档）中创建结构化数据（SQL 表），并将这些数据与现有的结构化数据库集成。DeepDive 可用于提取实体之间复杂的关系，并可对涉及这些实体的事实进行推断。

3. IEPY

IEPY 是一种开源的信息提取工具，在 GitHub 可以下载其 Python 开发源码。IEPY 的优点是可对大型数据集进行关于关系提取的语料标注操作。

6.1.3 音频数据标注工具

用于音频数据标注的工具主要是 Praat 语音学软件，这是一款跨平台的多功能语音学专业软件，其主要用于对数字化的语音信号进行分析、标注、处理及合成等操作，同时可生成各种报表。图 6-1 所示为 Praat 音频数据标注示例。

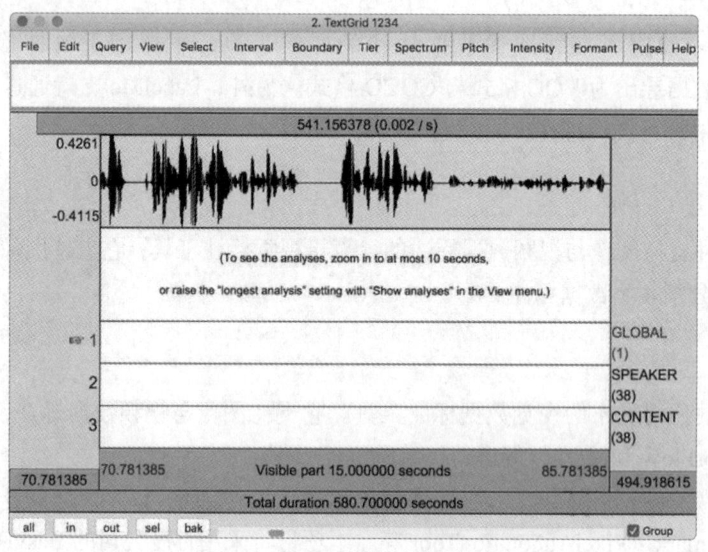

图 6-1　Praat 音频数据标注示例

6.1.4 数据标注平台

上文中所提到的标注工具，大多是针对某种类型的数据而开发的，而接下来介绍的是能够对多种不同类型数据进行标注的数据标注平台。近年来，相关平台如雨后春笋般涌现，国内的一些互联网公司、大数据公司和人工智能公司纷纷推出了自己的数据标注众包平台和商用标注工具，如百度众测、阿里众包、京东微工等，这些商用的数据标注平台基本都能对图像、视频、文本和音频等数据进行标注。

除了以上所提到的商用标注平台之外，还有百度大脑推出的智能数据服务平台 EasyData。本项目将基于该平台实施。该平台为具有 AI 开发需求的企业及个人开发者提供一站式数据处理服务。EasyData 支持图像、文本、音频、视频等多种类型数据的处理，以及机器学习数据的存储，该平台的数据标注功能如表 6-1 所示。

表6-1　EasyData的数据标注功能

功能	描述
丰富的标注模板	支持图像分类、物体检测、图像分割、文本分类、短文本相似度分析、音频分类、视频分类等
智能标注	提供人机交互协作标注服务，最高可降低 90% 的标注成本。目前智能标注已支持物体检测、图像分割等
百度众测及数据服务商标注支持	EasyData 已全面对接百度众测及 AI 市场中的优质数据服务商，数据服务商可以通过 EasyData 平台面向百度众测提交详细的标注需求

6.2 数据标注常见任务

了解完常用的数据标注工具与平台后，接下来介绍常见的数据标注任务。常见的数据标注任务包括分类标注、标框标注、区域标注、描点标注 4 种。

6.2.1 分类标注

分类标注是指从任务中的标签中选取一个或者多个并将其赋给一条数据的任务。分类标注的应用十分广泛，可以应用于计算机视觉、自然语言处理和推荐系统中。在计算机视觉数据标注任务中，取决于任务的不同，一个图像可以被标注上一个或者多个任务的标签。如图 6-2 所示，在自然语言处理中，可以标注出语句的情感或者语句中词的词性等。此外，自然语言处理任务存在曲谱生成等音乐领域的应用，此时数据的标签类别还可能是音符等。

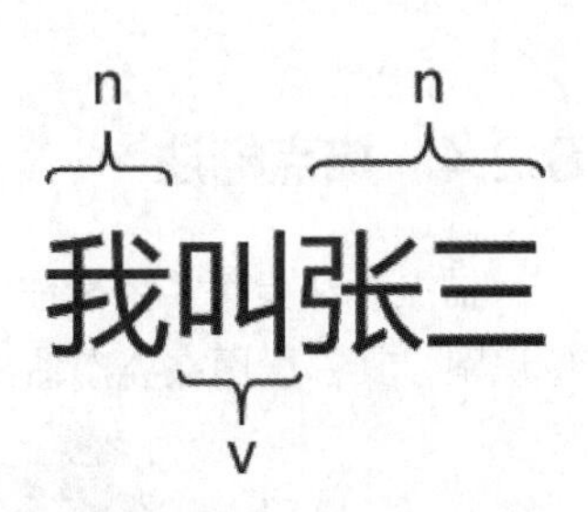

图 6-2　文本标注中的分类标注

6.2.2 标框标注

标框标注是指在图像中选取要标注的实体，并使用方框描述其所在位置的任务。标框标注任务中包含分类标注，因为标框标注任务不仅需要标注人员找出标注实体所属的类别，更要使用方框描述实体所在的位置。标框标注一般应用于计算机视觉领域，其中常见的任务有自动驾驶、智能视频监控、工业瑕疵检测等。标框标注除了使用方框进行标注之外，还可以使用多边形框进行标注，使用多边形框一般比使用方框标注的精度更高。其中，使用多边形框进行标注时，除可能会分配一个或者多个标签之外，还有可能会涉及物体遮挡的逻辑关系，从而需要实现细线条的种类识别。标框标注示例如图 6-3 所示。

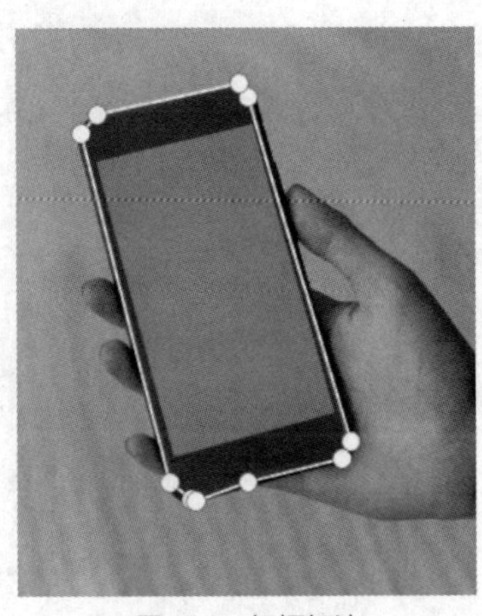
图 6-3　标框标注

6.2.3 区域标注

区域标注是针对图像的像素级别的分类标注。在一个图像中，每一个像素都会有其对应的标签，标注的结果是将图像调整为带有语义信息的色块，每个色块的类别一般只有一种。区域标注常常被用在计算机视觉领域中的语义分割中充当数据处理的手段。区域标注主要的应用场景包括自动驾驶中的道路识别和地图识别等。区域标注示例如图 6-4 所示。

图 6-4　车道线可行驶区域标注示例

6.2.4 描点标注

描点标注指将需要标注的实体，按照任务要求在特定位置进行点位标注，实现特定位置的点位识别。其一般用在姿态估计、姿态跟踪和机器人学中。描点标注示例如图 6-5 所示。

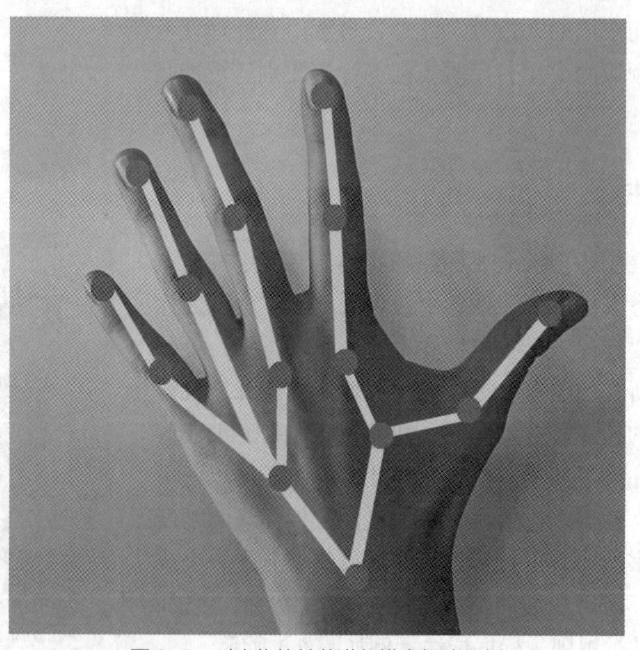

图 6-5　对人物的关节进行描点标注示例

6.3 数据标注质量标准

数据标注的质量标准反映在两个方面：标注的数量以及标注的质量。要想获得标注质量高的数据，除了要选用优秀的数据标注工具，还要掌握各种数据标注的质量标准。以下是图像、文本以及音频的标注质量标准。

1. 图像标注的质量标准

图像标注的质量好坏取决于像素点判定的准确性高低。标注像素点越接近被标注物的边缘像素点，标注的质量就越高，标注的难度也越大。如果图像标注要求的准确率为 100%，标注像素点与被标注物的边缘像素点的误差应该在 1 个像素以内。

2. 文本标注的质量标准

文本标注中涉及的任务较多，不同任务的质量标准是不同的。例如分词标注的质量标准是标注好的分词与词典中的词语一致，且不存在歧义；情感标注的质量标准则是对被标注句子的情感分类级别是否正确。

3. 音频标注的质量标准

进行音频标注时，语音数据发音的时间轴与标注区域的音标需保持同步，标注于发音时间轴的误差要控制在 1 个语音帧以内。若误差大于 1 个语音帧，则很容易标注到下一个发音，造成噪声数据。

项目实施 | EasyData 数据标注

6.4 实施思路

基于项目描述以及知识准备内容的学习，我们已经了解了常见的数据标注工具与平台，以及数据标注的质量标准。本项目将采用多个数据集，介绍将图像分类、物体检测、图像分割、文本分类和短文本相似度数据集上传到 EasyData 中进行标注的方法。本项目的实施步骤如下。

（1）下载数据集。

（2）创建并上传数据集。

（3）对数据集进行标注。

6.5 图像分类数据标注实施步骤

首先进入人工智能交互式在线实训及算法校验系统，将未标注的图像分类数据集下载至本地，下载完成后进入 EasyData 平台，创建图像分类数据集并将下载的数据集导入，接着使用 EasyData 平台对图像分类数据集进行标注，具体步骤如下。

步骤 1：下载数据集

进入人工智能交互式在线实训及算法校验系统，在 data 目录下找到文件名为“sample-img-cls-unannotated.zip”的未标注的图像分类数据集，勾选对应文件前的复选框并单击“Download”按钮将其下载至本地，如图 6-6 所示。

图 6-6　下载未标注的图像分类数据集

步骤 2：创建并上传数据集

下载数据集完成后，进入 EasyData 平台，登录百度账号，创建 image_classification 数据集，并导入未标注的图像分类数据集压缩包。导入数据集完成后的界面如图 6-7 所示。

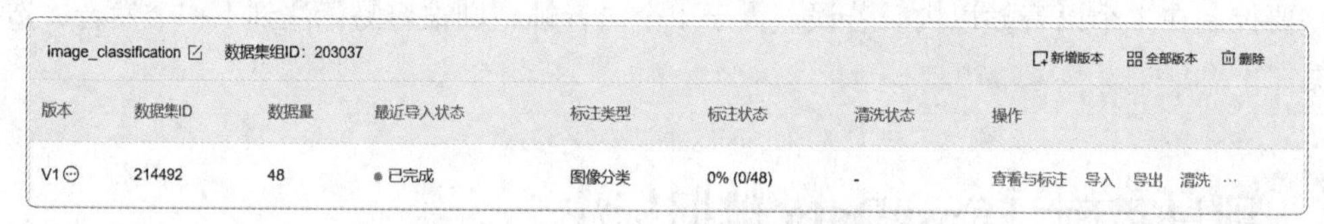

图 6-7　导入图像分类数据集后的界面

步骤 3：对数据集进行标注

导入未标注的数据集后，进入标注界面，单击“添加标签”按钮，创建“樱桃”标签并进行数据标注。需注意数据标注的准确性，因为标注的质量会直接影响到模型的训练效果。标注界面如图 6-8 所示。

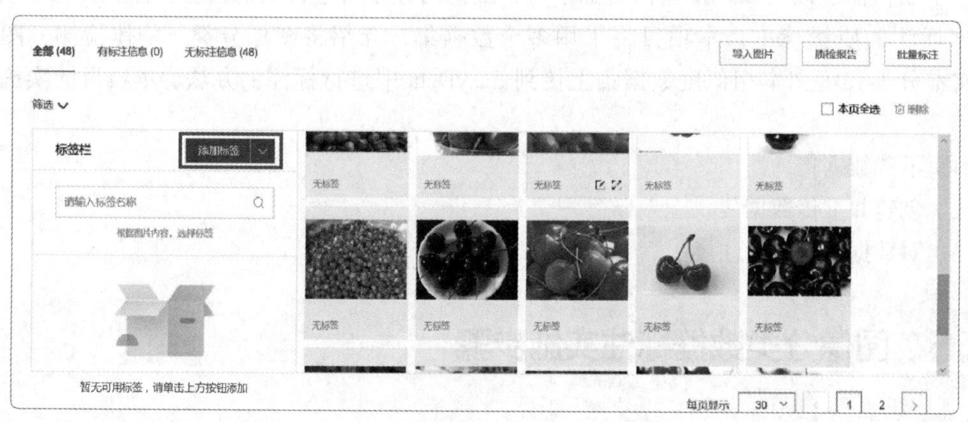

图 6-8　标注界面

6.6 物体检测数据标注实施步骤

接下来进行物体检测数据标注。首先进入人工智能交互式在线实训及算法校验系统，将未标注的物体检测数据集下载至本地，下载完成后进入 EasyData 平台，创建物体检测数据集并将下载的数据集导入，接着使用 EasyData 平台对物体检测数据集进行标注，具体步骤如下。

步骤 1：下载数据集

进入人工智能交互式在线实训及算法校验系统，在 data 目录下找到文件名为“sample-obj-cls-unannotated.zip”的未标注的物体检测数据集，勾选对应文件前的复选框并单击“Download”按钮将其下载至本地，如图 6-9 所示。

图 6-9　下载未标注的物体检测数据集

步骤 2：创建并上传数据集

下载数据集完成后，进入 EasyData 平台，登录百度账号，创建 obj_detection 数据集，并导入未标注的物体检测数据集压缩包。导入数据集完成后的界面如图 6-10 所示。

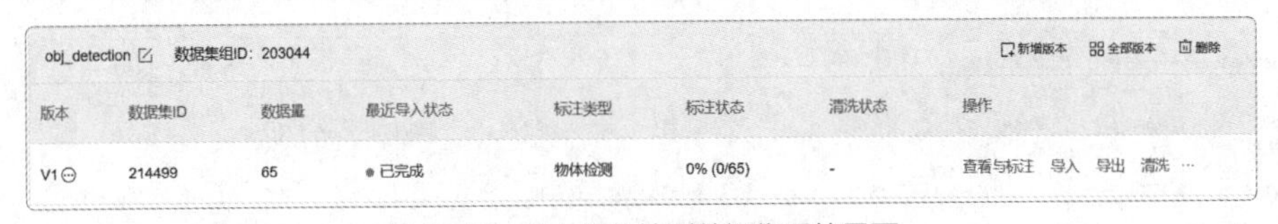

图 6-10　导入物体检测数据集后的界面

步骤 3：对数据集进行标注

导入未标注的数据集后，单击“添加标签”按钮，创建“螺丝”和“螺母”标签并进行数据标注。需注意数据标注的准确性，因为标注的质量会直接影响到模型的训练效果。标注界面如图 6-11 所示。

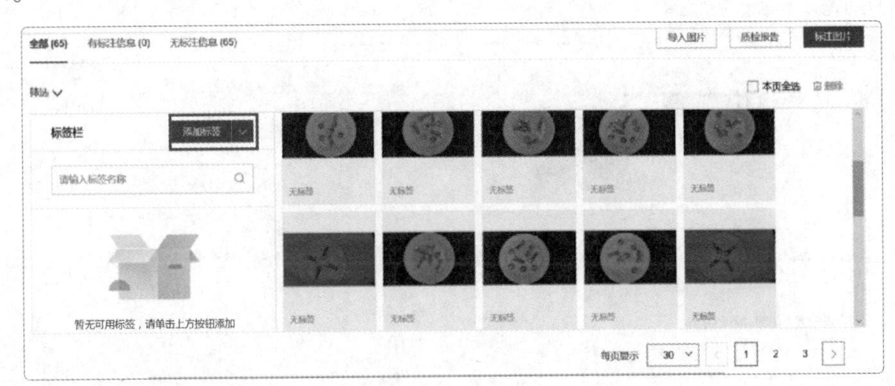

图 6-11　标注界面

6.7 图像分割数据标注实施步骤

接下来进行图像分割数据标注。首先进入人工智能交互式在线实训及算法校验系统，将未标注的图像分割数据集下载至本地，下载完成后进入 EasyData 平台，创建图像分割数据集并将下载的数据集导入，接着使用 EasyData 平台对图像分割数据集进行标注，具体步骤如下。

步骤 1：下载数据集

进入人工智能交互式在线实训及算法校验系统，在 data 目录下找到文件名为“semantic segmentation.zip”的未标注的图像分割数据集，勾选对应文件前的复选框并单击“Download”按钮将其下载至本地，如图 6-12 所示。

图 6-12　下载未标注的图像分割数据集

步骤 2：创建并上传数据集

下载数据集完成后，进入 EasyData 平台，登录百度账号，创建 semantic segmentation 数据集，并导入未标注的图像分割数据集压缩包。导入数据集完成后的界面如图 6-13 所示。

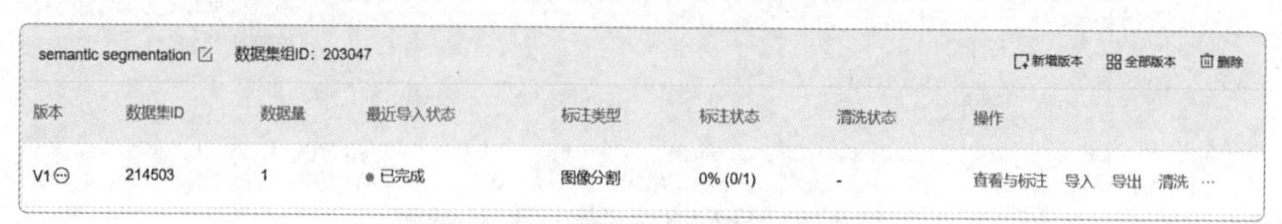

图 6-13　导入图像分割数据集后的界面

步骤 3：对数据集进行标注

导入未标注的数据集后，单击“添加标签”按钮，创建“模型 1”和“模型 2”标签并进行数据标注。需注意数据标注的准确性，因为标注的质量会直接影响到模型的训练效果。标注界面如图 6-14 所示。

图 6-14　标注界面

6.8 文本分类数据标注实施步骤

接下来进行文本分类数据标注。首先进入人工智能交互式在线实训及算法校验系统，将未标注的文本分类数据集下载至本地，下载完成后进入 EasyData 平台，创建文本分类数据集并将下载的数据集导入，接着使用 EasyData 平台对文本分类数据集进行标注，具体步骤如下。

步骤 1：下载数据集

进入人工智能交互式在线实训及算法校验系统，在 data 目录下找到文件名为“sample-text-cls-unannotated-zip.zip”的未标注的文本分类数据集，勾选对应文件前的复选框并单击“Download”按钮将其下载至本地，如图 6-15 所示。

Duplicate | Rename | Move | Download | View | Edit   Upload | New

1 / Desktop / data	Name	Last Modified	File size
..		seconds ago	
sample-img-cls-unannotated.zip		36 minutes ago	1.15 MB
sample-obj-cls-unannotated.zip		an hour ago	47.6 MB
sample-text-cls-unannotated-zip.zip		31 minutes ago	5 kB
semantic segmentation.zip		34 minutes ago	1.52 MB
short_text_sim.xlsx		an hour ago	9.65 kB

图 6-15　下载未标注的文本分类数据集

步骤 2：创建并上传数据集

下载数据集完成后，进入 EasyData 平台，登录百度账号，创建 text_classification 数据集，并导入未标注的文本分类数据集压缩包。导入数据集完成后的界面如图 6-16 所示。

text_classification　数据集组ID：203060　　新增版本　全部版本　删除

版本	数据集ID	数据量	最近导入状态	标注类型	标注状态	清洗状态	操作
V1	214519	0	已完成	文本分类	0% (0/0)	-	导入 删除

图 6-16　导入文本分类数据集后的界面

步骤 3：对数据集进行标注

导入未标注的数据集后，单击“添加标签”按钮，创建“积极”、“中立”和“消极”标签并进行数据标注。需注意数据标注的准确性，因为标注的质量会直接影响到模型的训练效果。标注界面如图 6-17 所示。

图 6-17　标注界面

6.9 短文本相似度数据标注实施步骤

接下来进行短文本相似度数据标注。首先进入人工智能交互式在线实训及算法校验系统，将未标注的短文本相似度数据集下载至本地，下载完成后进入 EasyData 平台，创建短文本相似度数据集并将下载的数据集导入，接着使用 EasyData 平台对短文本相似度数据集进行标注，具体步骤如下。

步骤 1：下载数据集

进入人工智能交互式在线实训及算法校验系统，在 data 目录下找到文件名为“short_text_sim.xlsx”的未标注的短文本相似度数据集，勾选对应文件前的复选框并单击“Download”按钮将其下载至本地，如图 6-18 所示。

图 6-18　下载未标注的短文本相似度数据集

步骤 2：创建并上传数据集

下载数据集完成后，进入 EasyData 平台，登录百度账号，创建 short_text 数据集，并导入未标注的短文本相似度数据集 Excel 文件。导入数据集完成后的界面如图 6-19 所示。

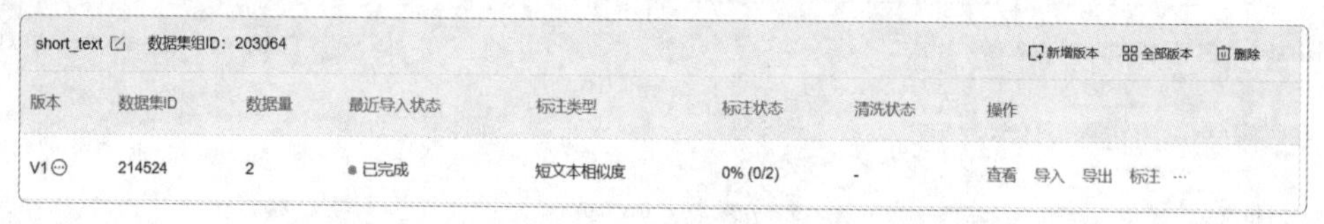

图 6-19　导入短文本相似度数据集后的界面

步骤 3：对数据集进行标注

导入未标注的数据集后，进入标注界面进行数据标注。标注界面如图 6-20 所示。

图 6-20　标注界面

知识拓展

目前数据标注的应用已经渗透到医疗、安防、教育等行业，不同的行业也衍生出了不同的数据标注形式。接下来主要介绍医疗行业中的 2 种常见的数据标注形式。

1. 医疗影像标注

医疗影像标注是指对医疗影像进行标注，在医疗行业中其常用于辅助医生进行临床诊断。如图 6-21 所示，在肺部的医疗影像中，对肺部病变位置进行了标框标注。

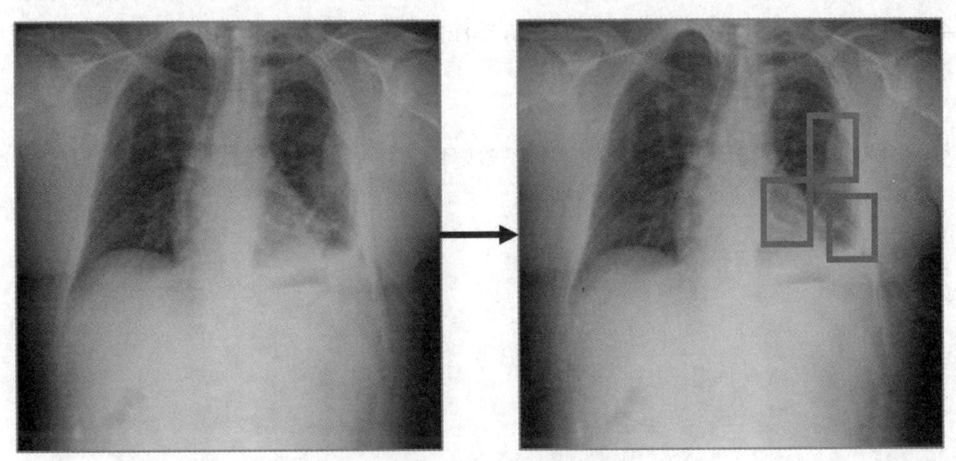

图 6-21　肺部病变位置标框标注

2. 关节点标注

关节点标注是指对人体关节进行描点标注，在医疗行业中其常用于建立人体关节的健康档案。如图 6-22 所示，在一张运动员运动图片中，对人体关节进行了描点标注。

图 6-22　运动员关节描点标注

课后实训

（1）目前常见的数据标注工具或平台，无法标注以下哪类数据？（　　）【单选题】

A．图像　　B．文本　　C．气味　　D．音频

（2）以下哪种标注工具可进行图像数据标注？（　　）【单选题】

A．CVAT　　B．BRAT　　C．IEPY　　D．DeepDive

（3）下面属于数据标注任务的是（　　）。【多选题】

A．区域标注　　B．分类标注　　C．标框标注　　D．描点标注

（4）若图像标注要求标注准确率为100%，标注像素点与被标注物的边缘像素点的误差应该在（　　）个像素以内。【单选题】

A．0.1　　B．1　　C．5　　D．10

（5）音频标注时，标注于发音时间轴的误差要控制在1个语音帧以内。（　　）【判断题】

第3篇 深度学习基础应用

在第2篇中，我们已经学习了如何进行数据采集、数据处理和数据标注等方面的知识，为从零搭建深度学习模型打下了基础。在本篇中，我们将学习如何从零搭建深度学习模型。我们从机器学习模型搭建开始，逐步深入了解深度学习框架并且学习搭建简单的深度学习模型。

项目 7 机器学习模型训练

07

在机器学习中，我们通常希望能够寻找到特征值和预测目标之间的关系，通过一些特征值来预测目标值。如想知道汽车油耗量与行驶时间的关系，就可以训练一个模型来寻找它们之间的关系，从而可以预测一个时间段内的汽车油耗量。

项目目标

（1）了解机器学习的概念与训练流程。
（2）了解常用机器学习算法。
（3）能够使用线性回归模型完成回归任务的预测。

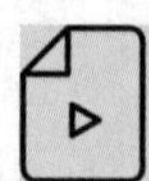

项目描述

在项目 5 中，我们已经完成了对汽车油耗量数据集的处理。本项目将项目 5 中处理完成的汽车油耗量数据集的数据作为机器学习模型的输入，并通过线性回归模型最终实现汽车油耗量预测。

知识准备

7.1 机器学习基础知识

在学习本项目内容之前，需要先区分清楚 4 个容易混淆的概念——人工智能、机器学习、神经网络和深度学习。概念说明如下。

- 人工智能：学科名称。
- 机器学习：是人工智能的重要组成部分。
- 深度学习：是关于构建、训练和使用神经网络的方法。

- 神经网络：是机器学习的一种分支方法。

人工智能、机器学习、深度学习和神经网络的关系如图 7-1 所示。

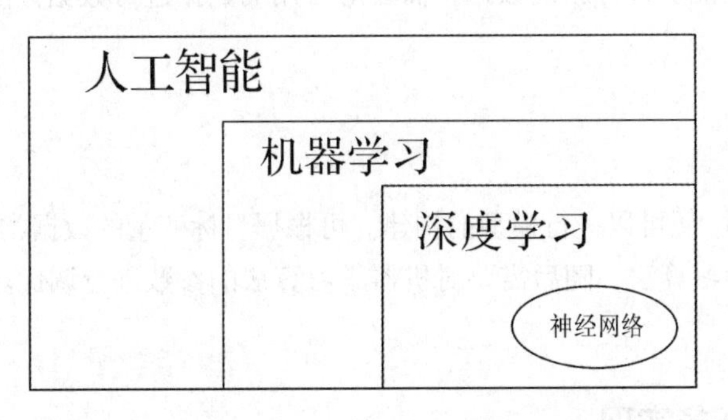

图 7-1 人工智能、机器学习、深度学习和神经网络的关系

其中机器学习是研究计算机如何模仿或实现人类的学习行为，从而获取新知识或技能，并重组现有知识结构以不断提高自身性能的一门学科。

7.2 机器学习的训练流程

在了解完机器学习的相关概念后，我们已经对什么是机器学习有了基本的认识，可以进一步了解机器学习的具体细节。接下来继续介绍机器学习的训练流程，主要包括数据操作、模型构建以及机器学习任务实现。以下是 3 个流程的详细内容。

7.2.1 数据操作

数据集是构建机器学习模型的“起点”。数据集的数据类型可以分解为特征 X 和标签 Y。X 代表特征、独立变量、输入变量等；Y 代表类别标签、因变量、输出变量等。接下来介绍数据操作，主要包括数据分析、数据预处理、特征选择以及数据分割。

1. 数据分析

在读取数据集后，第一步要进行探索性数据分析，以获得对数据的初步了解。常用的描述性统计有平均数、中位数、标准差等。同时可以进行数据可视化对数据进行进一步的了解，如通过热力图的颜色及数值，能够了解数据属性的相关性；通过箱线图的中位数、四分位数等，能够了解群体差异。

2. 数据预处理

数据预处理是对数据进行检查和分布变换的过程，需要对缺失、重复、异常的数据进行清洗，以及对数据进行标准化等操作。

3. 特征选择

完成数据预处理后，需要用到项目 5 中介绍的特征选择操作，即从大量特征中选取一个重要特征子集，确保模型能够达到更高的精度。

4. 数据分割

为了使构建的模型能够训练新的数据，需要对可用的数据进行数据分割操作，将其分割为训练集和测试集。

7.2.2 模型构建

在完成数据操作后，便可以进行模型的构建。可根据目标变量的数据类型建立机器学习模型。首先选取合适的机器学习算法，随后需要对机器学习算法的参数进行调优。算法参数将直接影响学习过程和预测性能。

7.2.3 机器学习任务实现

完成模型构建以后，就可以使用模型完成机器学习任务了。常见的机器学习任务包括分类任务和回归任务。

分类任务针对的是离散数值型的样本，在输入给定样本后可以输出所属的类别。分类任务是机器学习任务中一类常见的任务，常见的分类任务有垃圾邮件检测、手写数字识别和花卉分类等。

回归任务针对的是连续数值型的样本，使用回归，可以在给定一个输入时预测出一个数值。在一元线性回归分析中，包括一个自变量和一个因变量，且二者的关系可用一条直线近似表示。如果回归分析中包括两个或两个以上的自变量，且因变量和自变量之间是线性关系，则称为多元线性回归分析。

输出预测的结果后，使用相关指标进行算法性能的评判，便完成了一个完整的机器学习训练流程。

7.3 常用算法

在了解完机器学习的训练流程后，我们对如何搭建机器学习模型所需要的步骤已经有所了解。接下来将更加深入地介绍机器学习中一些常用的算法。

7.3.1 线性回归

线性回归是利用称为线性回归方程的最小二乘函数，对一个或多个自变量和因变量之间的关系进行建模的一种回归分析。线性回归的假设函数 h_θ 计算公式如下。

$$h_\theta(x)=\theta_0+\theta_1 x$$

其中 x 是自变量或者输入变量，线性回归的目标是选择出一组最小化损失函数的模型参数 θ_0 和 θ_1。

在实际应用中，通常不会从零开始实现机器学习算法，而是调用各种已经成熟、完备的机器学习库的函数来实现。常用的机器学习库有 scikit-learn。

在 scikit-learn 库中可以直接调用封装好的函数实现线性回归，代码如下。

```
from sklearn.linear_model import LinearRegression # 导入相关库
lr = LinearRegression()          # 调用线性回归模型
lr.fit(X,y)                      # 训练模型
```

线性回归的优点是结果易于理解，计算不复杂；缺点则是对非线性的数据拟合效果不好，且当特征冗余，即如果存在多重共线性，线性回归结果趋于不稳定。

7.3.2 逻辑回归

逻辑回归其实是引入了非线性变化的线性回归模型，常被用于分类问题。逻辑回归是一种对数概率模型。逻辑回归是用来计算实例属于类别 1 和属于类别 0 的概率的。当因变量属于二元变量时，应该使用逻辑回归。逻辑回归的假设函数如下。

$$h_\theta(x) = g(\boldsymbol{\theta}^{\mathrm{T}}\boldsymbol{X})$$

其中 $\boldsymbol{X}$ 代表特征向量，g 代表 Sigmoid 函数 $g(z)=\dfrac{1}{1+\mathrm{e}^{-z}}$。

$h_\theta(x)$ 的作用是给定输入变量，根据选择的参数计算输出变量属于类别 1 的概率。调用 scikit-learn 库中封装的函数实现逻辑回归的代码如下。

```
from sklearn.linear_model import LogisticRegression # 导入库
lr = LogisticRegression() # 调用逻辑回归模型
lr.fit(X,y) # 训练模型
```

逻辑回归的优点是使用较为容易，但当特征空间较大时，其性能开始下降。

7.3.3 决策树

决策树是一种监督学习算法，可以用于分类和回归。决策树是一种树形结构，其中每个内部节点表示模型对一条数据的一个属性归属于哪个类别的判断，每个分支代表一个判断结果的输出，每个叶节点代表一种分类结果。调用 scikit-learn 库中封装的函数实现决策树的代码如下。

```
from sklearn import tree # 导入库
clf = tree.DecisionTreeRegressor() # 调用决策树模型
clf.fit(X,y) # 训练模型
```

决策树的优点在于计算简单、易于理解、可解释性强，能够处理不相关的特征。

7.3.4 随机森林

随机森林是一种由很多棵决策树构成的集成算法，决策树之间没有关系。当执行一个分类任务时，输入一个新的样本，森林中的每棵决策树都会对样本进行单独的判断和分类，每棵决策树都会得到自己的分类结果。当随机森林采用投票法时，会在决策树给出的分类中选取被预测最多的一类作为随机森林的输出结果。调用 scikit-learn 库中封装的函数实现随机森林的代码如下。

```
from sklearn.ensemble import RandomForestRegressor          # 导入库
rgs = RandomForestRegressor(n_estimators)                # 调用随机森林模型
rgs = rgs.fit(X, y)                                      # 训练模型
```

随机森林在实际应用中的表现通常比其他传统机器学习算法的更加优良，由于树与树之间没有关联，模型的训练可以并行，且训练速度快。但因为随机森林的拟合能力较强，所以非常容易产生过拟合现象。

项目实施 | 通过机器学习模型预测汽车油耗量

7.4 实施思路

基于对项目描述和知识准备内容的学习，我们已经了解了机器学习的相关基础知识，接下来进入实操环节，使用传统机器学习的线性回归模型对汽车油耗量进行预测，完成回归任务。本项目的实施步骤如下。

（1）导入相关库。

（2）读取数据。

（3）概览数据。

（4）训练模型。

（5）预测数据。

7.5 实施步骤

步骤 1：导入相关库

首先，需要将项目所需的 Python 库全部导入，代码如下。

```
import pandas as pd
import numpy as np
from sklearn.linear_model import LinearRegression
```

步骤 2：读取数据

根据路径读取已进行特征提取的数据，代码如下。

```
df = pd.read_csv('./data/gas_use_clean.csv').drop('Unnamed: 0',axis = 1)
```

步骤 3：概览数据

对数据进行概览，查看前 5 条数据，代码如下。

```
df.head()
```

输出结果如表 7-1 所示。

表7-1　数据概览

	distance	speed	temp_inside	temp_outside	92	98	snow	ac
0	−0.1611456	−0.06823046	0.0697492	−0.051240176	0	1	0	0
1	−0.28025708	−0.6565295999999999	0.0697492	0.94996977	0	1	0	0
2	−0.29790324	−0.730067	−1.9095569	−0.051240176	0	1	0	0
3	−0.103795655	−0.4359174	0.0697492	1.5220898	0	1	0	0
4	0.32853496	1.9908165	0.56457573	−0.48033017	0	1	0	0

在本项目中，数据的标签是汽车的油耗量“consume”，其他一些特征如距离“distance”、平均速度“speed”和 92 号汽油“92”等作为模型的输入数据。

步骤 4：训练模型

准备好数据以后，设置训练参数，准备训练集 X 和训练集 y。训练集 X 需要将标签“consume”删除，训练集 y 只选取标签“consume”。只选取标签“consume”是因为特征“consume”需要作为标签输入模型，不能直接随训练集 X 输入模型。代码如下。

```
X = df.drop('consume',axis=1).to_numpy() # 删除 consume 列并将其转化为数组
y = df['consume'].to_numpy() # 选取 consume 列并将其转化为数组
```

选取好训练数据后，采用传统机器学习的线性回归模型进行模型训练，代码如下。

```
lr = LinearRegression() # 调用传统机器学习的线性回归模型
lr.fit(X,y) # 利用线性回归模型训练数据
```

步骤 5：预测数据

构建好模型以后，利用模型对数据进行预测。由于数据量不大，直接采取原训练数据作为测试集。在实际生产中，通常需要将额外的标签数据作为测试集。

```
y_pred=lr.predict(X) # 利用训练的模型对数据进行预测
```

完成回归任务后，需要对效果进行评价。评价线性回归效果的指标有 4 种，均方误差（Mean Square Error）、均方根误差（Root Mean Square Error）、平均绝对值误差（Mean Absolute Error）以及 R^2。对回归任务进行评价常使用 R^2，即预测值与平均值的误差，反映自变量与因变量之间的相关程度的偏差程度。

使用 R^2 对预测数据进行评分的代码如下。

```
from sklearn.metrics import r2_score # 导入 r2_score 评分库
r2_score(y, y_pred) # 对预测的数据进行评分
```

输出结果如下。

```
0.21252628431
```

R^2 指标取值范围为 [0,1]，指标的值越大，模型越精确，回归效果越显著。R^2 的值介于 0～1，越接近 1，回归拟合效果越好，一般认为该值超过 0.8 的模型拟合精度比较高。线性回归是基础的回归算法，由结果可以看出，采用线性回归模型完成本项目的实施效果并不好。因为各特征与目标变量的相关性并不是很强，因此采用线性回归模型并不能达到十分理想的效果。至此，已经利用线性回归模型完成回归任务。

知识拓展

在知识准备中的 7.3 节可了解到，随机森林算法参数设置对回归结果影响较大。接下来具体介绍随机森林的参数设置及调优，调用随机森林模型的代码如下。

```
from sklearn.ensemble import RandomForestClassifier

clf = RandomForestClassifier(n_estimators=10,max_depth=2, random_state=0)
```


随机森林算法可选的参数如表 7-2 所示。

表7-2　随机森林参数说明

参数	说明
n_estimators	森林中树的棵数。该参数是典型的模型表现与模型效率成反比的影响因子
criterion	度量分裂的标准。可选值有 mse（均方误差）和 mae（平均绝对值误差）
max_features	寻找最佳分裂点时考虑的特征数目。这一参数是针对单棵树来设置的，通常来讲，这个值越大，单棵树可以考虑的特征越多，则模型的表现就越好
max_depth	树的最大深度
min_samples_split	分裂内部节点需要的最少样例数
min_samples_leaf	叶节点上应有的最少样例数
max_leaf_nodes	以“最优优先方式”生成最大叶节点的树，最优节点定义为纯度相对减少，如果值为 None 则不限制叶节点个数
bootstrap	构建树时是否采用有放回样本的方式

调整参数时，scikit-learn 库中的 GridSearchCV() 函数是可用于调参的交叉验证函数，使用这个函数可以便捷地找出模型的最优参数。所谓交叉验证，可以简单理解为对模型评估更加准确的测试集。对某一分类器，确定想要调参的名称和数值，将其作为一个字典传入这个函数，然后该函数会返回最佳的参数组合。代码实现如下。

```
clf = GridSearchCV(estimator=rfc,param_grid=tuned_parameters, cv=5, n_jobs=1)
```

调用该函数后，即可输出使训练模型效果最佳的参数。

课后实训

（1）假设你正在做天气预报，并使用算法预测明天的温度，这是一个什么问题？（　　）【单选题】

A．分类　　B．回归　　C．聚类　　D．其他

（2）下列两个变量之间的关系中，哪一个一定是线性关系？（　　）【单选题】

A．学生的性别与他（她）的数学成绩

B．人的工作环境与他（她）的身体健康状况

C．儿子的身高与父亲的身高

D．正方形的边长与周长

（3）产量 x（单位：台）与单位产品成本 y（单位：元 / 台）的回归方程为 $y=356-1.5x$，这说明（　　）。【单选题】

A．产品每增加一台，单位产品成本增加 356 元

B．产品每增加一台，单位产品的成本减少 1.5 元

C．产品每增加一台，单位产品的成本平均增加 356 元

D．产品每增加一台，单位产品成本平均减少 1.5 元

（4）R^2 的取值范围是（　　）。【单选题】

A．$R^2 \leqslant 1$　　B．$R^2 \geqslant -1$　　C．$0 \leqslant R^2 \leqslant 1$　　D．$-1 \leqslant R^2 \leqslant 1$

（5）调用线性回归模型的语句是（　　）。【单选题】

A．lr = LinearRegression()　　B．lr = LogisticRegression()

C．clf = tree.DecisionTreeRegressor()　　D．rgs = RandomForestRegressor()

项目8 深度学习框架应用开发

08

随着深度学习技术的逐步成熟和日益普及，模块化、标准化的流程工具成为开发者的普遍诉求，深度学习框架应运而生。深度学习框架提供多种具备基础功能的算法库，能帮助开发者将有限精力专注于更高层级的创新突破，实现“在巨人肩膀上的创新”。

项目目标

（1）了解深度学习框架的作用。
（2）熟悉常用的深度学习框架。
（3）能够部署深度学习框架的环境。

项目描述

深度学习框架能够集训练和推理框架、开发套件、基础模型库、工具组件于一体，提供由高级语言封装的多样化接口，实现快速、便捷的关键模型构建、训练和调用，可利用工具化、平台化的方式帮助广大开发者和企业进一步降低深度学习技术的应用门槛，加速行业智能化转型。

本项目主要介绍目前行业内常用的深度学习框架，包括 PaddlePaddle、TensorFlow、Keras、Caffe、PyTorch 等，在实操部分将通过 pip 方式安装 PaddlePaddle，使读者掌握不同系统下深度学习框架的环境的部署方法。

知识准备

8.1 深度学习框架的作用

深度学习框架可类比为“人工智能时代的操作系统”，其能够显著降低人工智能技术的应用门槛。操作系统作为在“移动互联网时代”中连接底层硬件架构、上层软件系统与用户交互界面的控制中枢，是微软、苹果、谷歌等企业掌控产业生态主导权的核心抓手。

如图 8-1 所示，在“人工智能时代”，深度学习框架同样起到承上启下的连接作用，上承语义理解、图像分类、文字识别、语音合成等各类应用；下接 ASIC（Application Specific Integrated Circuit，专用集成电路）、FPGA（Field Programmable Gate Array，现场可编程门阵列）、GPU（Graphics Processing Unit，图形处理单元）、CPU（Central Processing Unit，中央处理器）等智能计算芯片，为不同生产环境中的人工智能应用提供强劲算力。

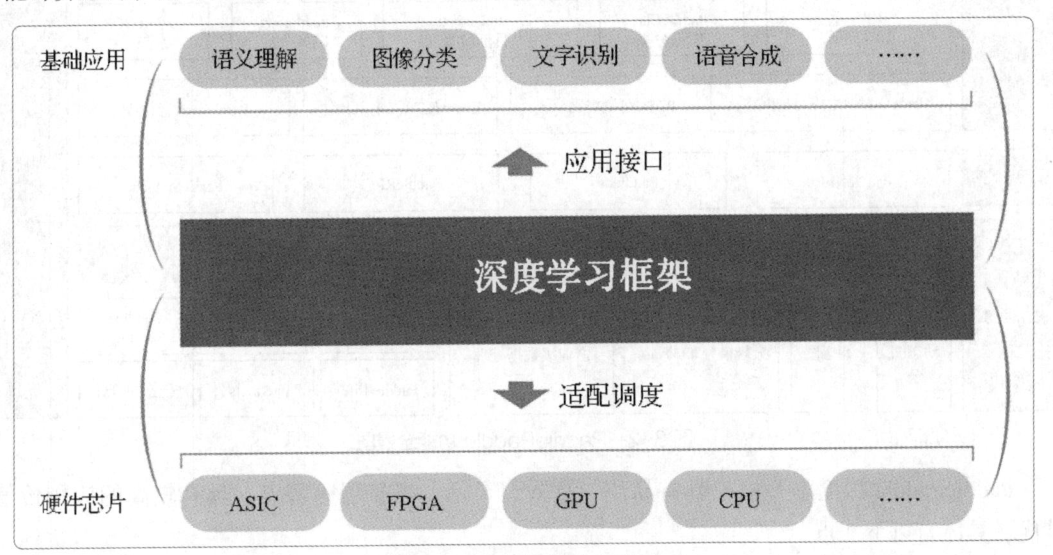

图 8-1 深度学习框架的作用

主流深度学习框架普遍提供丰富的模型组件及便捷的网络组网方式来吸引开发者，并围绕视觉、语音、语义等基础应用任务提供已训练完成的成熟模型接口，支持用户直接调用，能够快速使用户具备部署能力。

8.2 常用的深度学习框架

深度学习框架的出现，使各类算法高效研发、迭代和大规模应用部署成为可能，奠定了深度学习繁荣发展的基础。目前常用的深度学习框架包括 PaddlePaddle、TensorFlow、Keras、Caffe 和 PyTorch 等，这些框架各有优劣。这些深度学习框架被应用于计算机视觉、语音识别、自然语言处理与生物信息学等领域，并取得了较好的效果。以下介绍这 5 种常用的深度学习框架。

8.2.1 PaddlePaddle

PaddlePaddle（飞桨）以百度公司多年的深度学习技术研究和业务应用为基础，集深度学习核心框架、基础模型库、端到端开发套件、丰富的工具组件于一体，是我国首个自主研发、功能完备、开源开放的产业级深度学习平台。图 8-2 所示为 PaddlePaddle 平台的功能全景图。

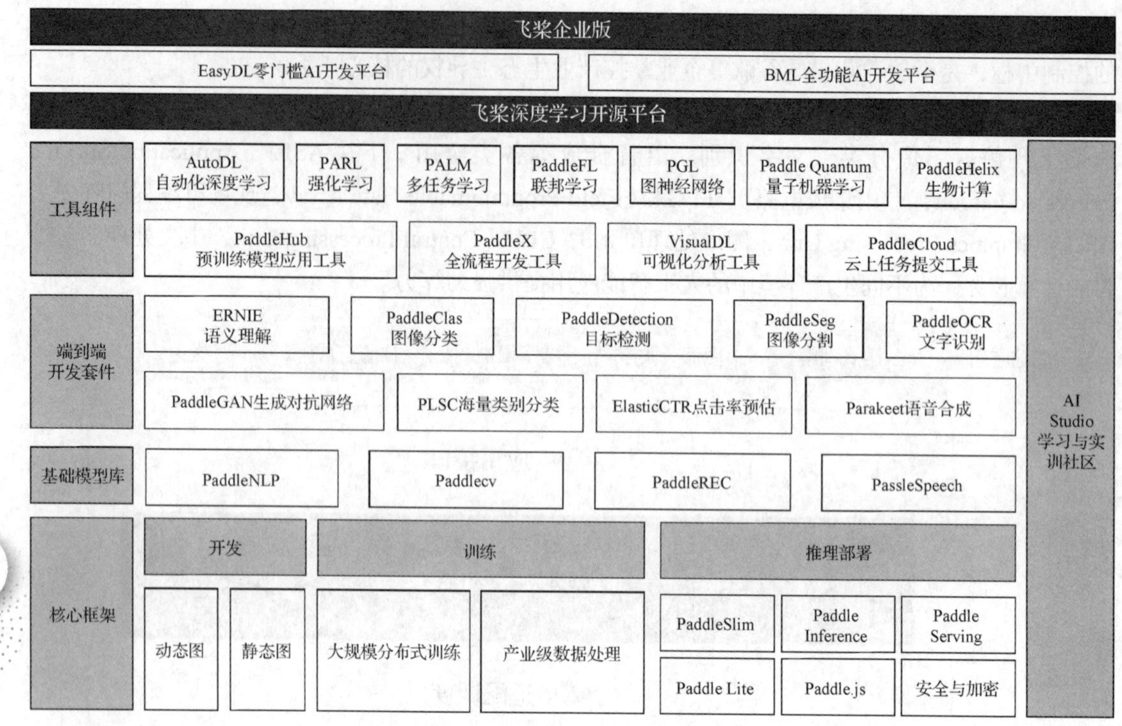

图 8-2　PaddlePaddle 功能全景图

PaddlePaddle 深度学习框架具有易用、高效、灵活、可扩展等特点，具有较高的应用价值，其优点具体有以下 4 点。

1. 开发便捷的深度学习框架

PaddlePaddle 拥有易学、易用的前端编程界面和统一、高效的内部核心架构，对普通开发者而言更容易上手，并且具备较高的训练性能。PaddlePaddle 还给开发者提供了代码开发的高层 API，并且高层 API 和基础 API 采用了一体化设计，两者可以互相配合使用，做到“高低融合”，可确保开发者可以同时享受开发的便捷性和灵活性。

2. 超大规模深度学习模型训练技术

PaddlePaddle 突破了超大规模深度学习模型训练技术瓶颈，并解决了超大规模深度学习模型的在线学习和部署难题。

3. 多端多平台部署的高性能推理引擎

PaddlePaddle 对推理部署提供全方位支持，可以将模型便捷地部署到云端服务器、移动端以及边缘端等不同平台设备上，同时兼容其他开源框架训练的模型。PaddlePaddle 推理引擎支持广泛的人工智能芯片，特别是对国产硬件基本做到了全面适配。

4. 产业级开源模型库

PaddlePaddle 建设了大规模的官方模型库，算法总共达到 270 多个，包含经过产业实践长期打磨的主流模型以及在国际竞赛中夺冠的模型。

8.2.2 TensorFlow

TensorFlow 是由谷歌公司推出的一个端到端的开源机器学习平台，其拥有全面而灵活的生态系统，其中包含各种工具、库和社区资源。TensorFlow 主要用于机器学习的研究，能够使开发者轻松地构建和部署机器学习的应用。

TensorFlow 支持通过多种语言创建深度学习模型，如 Python、C 语言等。TensorFlow 可部署于各类服务器、PC（Personal Computer，个人计算机）终端和网页，支持多 GPU 运行，并且代码编译效率较高，能够生成显示网络结构和性能的可视化图。

作为当前较为流行的深度学习框架，TensorFlow 获得了极大的成功，但是 TensorFlow 也并非完美，还是会存在一定的缺陷，具体如下。

1. 大量的底层代码

TensorFlow 的代码比较底层，需要开发者编写大量的代码，还需要开发者仔细考虑神经网络的结构，并正确评估输入和输出数据的维度和容量，这导致开发者编写代码的效率较低。

2. 频繁变动的接口

TensorFlow 的接口一直处于快速迭代之中，并且没有很好地考虑向后兼容性。所谓向后兼容性，即指某一版本的接口是否在以后的版本中能够继续使用。这导致现在许多开源代码已经无法在新版的 TensorFlow 上运行，同时也间接导致了许多基于 TensorFlow 的第三方框架出现错误。

8.2.3 Keras

Keras 是基于 Python 的开源人工神经网络库，可以在 TensorFlow 上运行，并且可用于深度学习模型的设计、调试、评估、应用和可视化。Keras 提供统一、简洁的 API，极大程度地减少了用户的工作量，其在多数深度学习框架中是属于比较容易上手的。同时，Keras 提供清晰、实用的错误反馈，有助于深度学习初学者正确理解复杂的模型，能极大地减少用户的操作并使模型易于理解。

Keras 是深度学习开发端用户较为关注的工具之一，在 2018 年的一份测评中，Keras 的普及率仅次于 TensorFlow。不过，Keras 也并非完美，其封装过度，所以灵活性比较差。Keras 提供了一致的接口来屏蔽后端的差异，并且逐层进行了封装，但这使得用户难以自定义操作或获取底层数据信息。

8.2.4 Caffe

Caffe 是一个以 C++ 为核心的深度学习框架，拥有命令行、Python 和 MATLAB 接口，可以在 CPU 和 GPU 上运行。

Caffe 的优点是操作简洁、快速，其凭借易用、简洁明了的源码、出众的性能和高效的原型设计获得了众多用户的青睐，在计算机视觉研究领域应用颇为广泛。但是 Caffe 也存在灵活性差的缺点，与 Keras 因过度封装而灵活性较差不同，Caffe 缺乏灵活性的原因主要在于模型设计的方式。在 Caffe 中主要的对象是层，每实现一个新的层，必须要定义完整的神经网络前后向传播过程。

8.2.5 PyTorch

PyTorch 是由元宇宙（Meta）公司人工智能研究院推出的一个开源的深度学习框架，是一个以 Python 优先的深度学习框架，不仅能够实现强大的 GPU 加速，还支持动态神经网络，且拥有先进的自动求导系统，是目前较受欢迎的动态图框架。

PyTorch 追求封装简单，其简洁的设计使得代码易于理解。PyTorch 的源码量只有 TensorFlow 的十分之一左右，这种特性使得 PyTorch 的源码阅读体验更佳。同时，PyTorch 不仅使用灵活，而且在模型设计方面更加快速。

但是，2017 年推出的 PyTorch 还不够成熟，不够商业化，没有提供任何用于在网络上直接部署模型的框架，因此无法直接用于生产部署。

项目实施 | 安装 PaddlePaddle

8.3 实施思路

基于对项目描述与知识准备内容的学习，我们已经了解了深度学习框架的作用和 5 个常用的深度学习框架，接下来通过 pip 方式安装 PaddlePaddle，使读者掌握 Windows 系统和 Linux 系统下深度学习框架的环境的部署方法。在本地计算机上安装 PaddlePaddle，可以选用使用 pip 安装、conda 安装、Docker 安装，通过源码编译安装 4 种方式中的任意一种方式。

本项目使用 pip 方式在 Windows 系统和 Linux 的 Ubuntu 系统上安装 PaddlePaddle。pip 是 Python 中的标准库管理器，其允许用户安装和管理不属于 Python 标准库的其他软件包，并提供了对 Python 包的查找、下载、安装、卸载功能。接下来，通过实操实现在不同系统上完成 PaddlePaddle 开发框架的环境部署。

8.4 实施步骤

8.4.1 在 Windows 系统下安装 PaddlePaddle 实施步骤

在 Windows 系统下安装 PaddlePaddle 开发框架可以通过以下步骤实现。

（1）查看安装环境。

（2）安装所需环境。

（3）安装 PaddlePaddle。

（4）验证安装情况。

步骤 1：查看安装环境

在安装 PaddlePaddle 之前，需要先通过官方文档了解目前 PaddlePaddle 所支持的环境，再进行安装，具体步骤如下。

（1）打开浏览器，在搜索框中输入"PaddlePaddle"并搜索，在搜索结果中找到目标链接，单击链接进入 PaddlePaddle 官网，如图 8-3所示。

图 8-3　PaddlePaddle 官网

（2）将鼠标指针移动到官网上方导航栏中的"文档"标签，选择"PaddlePaddle"→"安装指南"→"Pip 安装"→"Windows 下的 PIP 安装"，即可查看官方文档，了解目前 PaddlePaddle 所支持的环境和相应的安装说明，如图 8-4 所示。

图 8-4　查看官方文档

通过官方文档可知，目前 PaddlePaddle 支持的环境的具体说明如下。

- Windows 7/8/10 的专业版 / 企业版（64 位）。

GPU 版本支持 CUDA 10.1/10.2/11.2，且仅支持单卡。

- Python 3.6+（64 位）。
- pip 20.2.2 或更高版本（64 位）。

（3）在本地计算机上搜索"控制面板"，选择"控制面板"→"系统和安全"→"系统"，即可查看本地计算机的系统类型以及 Windows 版本，如图 8-5 所示。

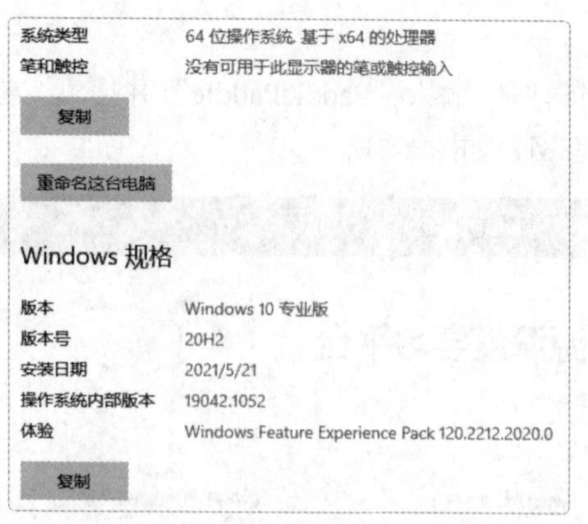

图 8-5　主机的“系统”界面

从图 8-5 中可知该设备的系统类型为 64 位操作系统，Windows 版本为 Windows 10 专业版，满足安装 PaddlePaddle 的环境，接下来安装 Python 和 pip，并进行验证。

步骤 2：安装所需环境

在步骤 1 中已经了解到所需 Python 版本为 3.6+，接下来进行 Python 安装。若计算机已经装好 Python，则可直接进行验证；如未安装 Python，则可以通过以下步骤进行安装。

（1）此处使用 Python 3.8.1 进行安装，Python 安装包保存在人工智能交互式在线实训及算法校验系统的 data 目录下，将其下载至本地，如图 8-6 所示。

图 8-6　下载完成的 Python 安装包

（2）下载完成后，双击打开“python-3.8.1-amd64.exe”应用程序。在弹出的图 8-7 所示的安装界面中勾选“Add Python 3.8 to PATH”复选框，这样可以将 Python 命令工具所在目录添加到系统 Path 环境变量中，之后开发程序或者运行 Python 命令会非常方便。接着选择“Install Now”选项进行安装，待窗口中显示“Setup was successful”，即安装完成。

（3）安装完成后，可以通过以下步骤进行 Python 和 pip 的安装验证。

① 按“Win+R”组合键，在弹出的“运行”对话框中输入“cmd”，单击“确定”按钮打开命令提示符窗口，如图 8-8 所示。

图 8-7　Python 安装界面

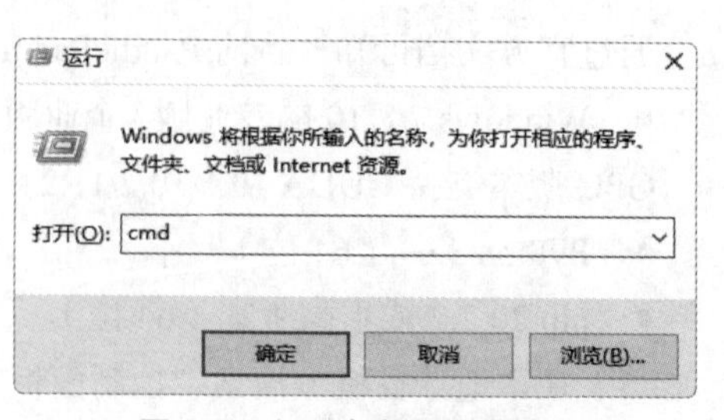

图 8-8　打开命令提示符窗口

② 在打开的命令提示符窗口中运行以下命令，确认 Python 的版本是否满足要求，要求 Python 版本为 3.6/3.7/3.8/3.9。

```
python --version
```

输出结果如下。

```
Python 3.8.1
```

③ 运行以下命令，确认 pip 的版本是否满足要求，要求 pip 版本为 20.2.2 或更高版本。

```
python -m pip --version
```

④ 若 pip 版本未满足要求，则可运行以下命令更新 pip 版本。

```
python -m pip install --upgrade pip
```

⑤ 运行以下命令，确认 Python 和 pip 是否为 64 位，并且处理器架构是 x86_64（或称作 x64、Intel64、AMD64）架构，目前 PaddlePaddle 不支持 arm64 架构。

```
python-c "import platform;print(platform.architecture()[0]);print(platform.machine())"
```

输出结果如下。

```
64bit
AMD64
```

步骤 3：安装 PaddlePaddle

所需 Python 和 pip 环境安装和验证完成后，即可在 Windows 系统上使用 pip 安装 PaddlePaddle，具体步骤如下。

（1）选择需要安装的 PaddlePaddle 版本，以下是相关说明。

① 如果计算机没有 NVIDIA GPU，请安装 CPU 版的 PaddlePaddle。

② 如果计算机有 NVIDIA GPU，请确保满足以下条件并且安装 GPU 版的 PaddlePaddle。

- CUDA 工具包 10.1/10.2 配合深度学习加速库 cuDNN v7.6.5+。注意，有关 CUDA 的知识在知识拓展部分有相关解释。
- CUDA 工具包 11.2 配合 cuDNN v8.1.1。
- GPU 运算能力超过 3.0 的硬件设备。

注意事项如下。

- 目前官方发布的 Windows 安装包仅包含 CUDA 10.1/10.2/11.2，如需使用其他 CUDA 版本，请通过源码自行编译。
- 如果使用的是安培架构的 GPU，推荐使用 CUDA 11.2；如果使用的是非安培架构的 GPU，推荐使用 CUDA 10.2，性能更优。设备 GPU 的架构类型可以通过搜索引擎查找。
- 确认需要安装 PaddlePaddle 的 Python 处于所预期的位置，因为计算机里可能有多个 Python。可能需要根据环境将所有命令行中的 Python 替换为具体的 Python 路径。具体的 Python 路径可通过如下命令查看。

```
where python
```

（2）接下来通过以下步骤来查看是否装有 GPU。

① 在本地计算机上搜索“任务管理器”，单击打开它。

② 在任务管理器界面中选择“性能”标签，如图 8-9 所示。

③ 拖动滑块，查看设备情况。若出现“GPU x”选项，则证明该设备装有 GPU，其中 x 代表 GPU 的编号，如图 8-10 所示。

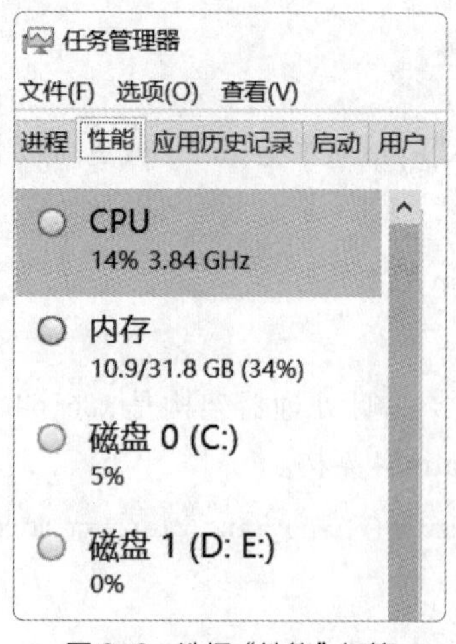

图 8-9 选择“性能”标签

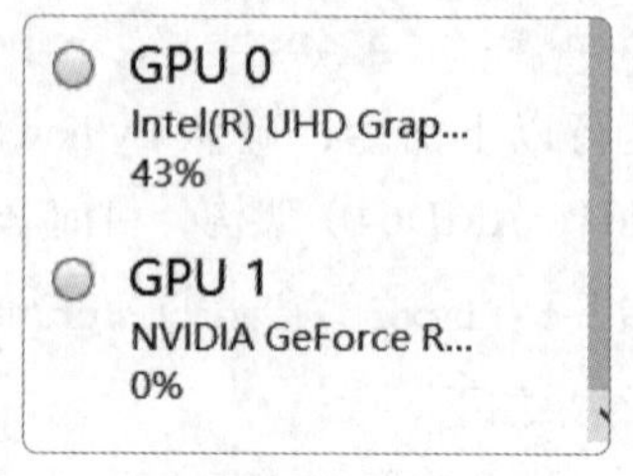

图 8-10 “GPU x”选项

若没有出现“GPU x”选项，则证明该设备未装有 GPU。

（3）若计算机有 NVIDIA GPU，则可以通过以下步骤查看 CUDA 版本，进而确定需安装的 PaddlePaddle 版本。

① 打开控制面板，双击打开“NVIDIA 控制面板”，如图 8-11 所示。

图 8-11 控制面板界面

② 在 NVIDIA 控制面板的菜单栏中选择“帮助”→“系统信息”→“组件”→“NVCUDA.DLL”，即可查看 CUDA 版本。如图 8-12 所示，可知该计算机配置的 CUDA 版本为 10.1.120。

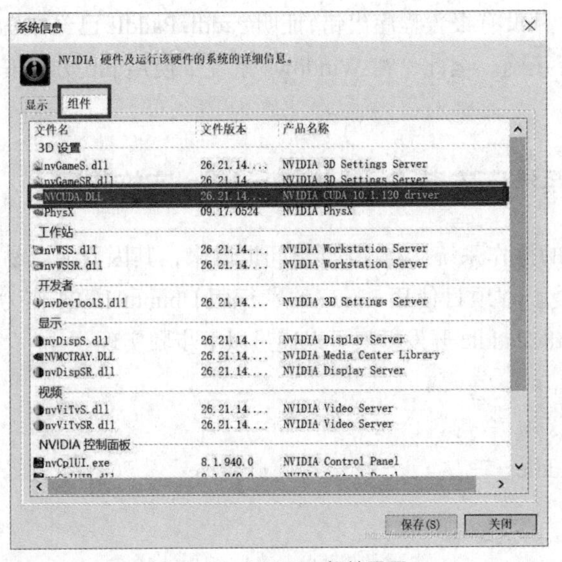

图 8-12 NVIDIA 组件界面

（4）根据上述步骤得到的 Python、CUDA 版本等信息，确定所需要安装的 PaddlePaddle 版本后，进入 PaddlePaddle 的官方网站，在官网顶部导航栏单击“安装”，进入 PaddlePaddle 安装界面。如图 8-13 所示，选择与本地设备对应的“操作系统”“安装方式”和“计算平台”选项，复制“安装信息”一栏的安装命令。打开本地系统的命令行，复制命令并按“Enter”键进行安装。

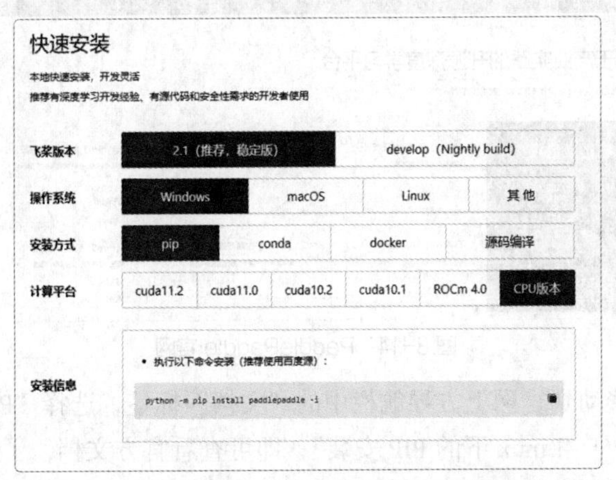

图 8-13 Windows 系统下的快速安装界面

步骤 4：验证安装情况

PaddlePaddle 安装完成之后，可以通过以下操作来验证 PaddlePaddle 的安装情况。

（1）在命令行中运行以下命令，进入 Python 解释器。

```
python
```

（2）运行以下代码来验证是否正确安装 PaddlePaddle。

```
import paddle
paddle.fluid.install_check.run_check()
```

若命令正常运行并且没有报告程序出错，证明PaddlePaddle已经成功安装；若报告程序出错，请检查安装的步骤是否正确。至此，在 Windows 系统下使用 pip 方式安装 PaddlePaddle 的任务完成。

8.4.2　在 Linux 系统下安装 PaddlePaddle 实施步骤

Linux 是一个开源的操作系统。自 20 世纪问世以来，其因开源、易用的特性而受到广大开发者和从业人员的喜爱。本项目使用 Linux 的发行版 Ubuntu 18.04 作为实验环境。在 Linux 的 Ubuntu 系统下安装 PaddlePaddle 开发框架可以通过以下步骤实现。

（1）查看安装环境。

（2）验证安装环境。

（3）安装 PaddlePaddle。

（4）验证安装情况。

步骤 1：查看安装环境

在安装 PaddlePaddle 之前，需要先通过官方文档了解目前 PaddlePaddle 所支持的环境，再进行安装，具体步骤如下。

（1）打开浏览器，在搜索框中输入“PaddlePaddle”并搜索，在搜索结果中找到目标链接，单击链接进入 PaddlePaddle 官网，如图 8-14 所示。

图 8-14　PaddlePaddle 官网

（2）将鼠标指针移动到官网上方导航栏中的“文档”标签，选择“PaddlePaddle”→“安装指南”→“Pip 安装”→“Linux 下的 PIP 安装”，即可查看官方文档，了解目前 PaddlePaddle 所支持的环境和相应的安装说明，如图 8-15 所示。

图 8-15　查看官方文档

步骤 2：验证安装环境

通过官方文档可知，目前 PaddlePaddle 支持的环境的具体说明如下。

- Linux 版本（64 位）。
  - CentOS 7（GPU 版本支持 CUDA 10.1/10.2/11.2)。
  - Ubuntu 16.04（GPU 版本支持 CUDA 10.1/10.2/11.2）。
  - Ubuntu 18.04（GPU 版本支持 CUDA 10.1/10.2/11.2）。
- Python 3.6+（64 位）。
- pip 20.2.2 或更高版本（64 位）。

下面逐一验证本地操作系统是否符合 PaddlePaddle 的需求。

（1）验证本机操作系统和位数信息。

① 在导航栏单击命令行图标打开窗口，如图 8-16 所示。

② 在命令行中运行以下命令查看本机的操作系统和位数信息。

图 8-16　命令行图标

```
uname -m && cat /etc/*release
```

输出结果如下。

```
x86 64
DISTRIB ID-Ubuntu DISTRIB RELEASE-18.04 DISTRIB CODENAME-bionic
```

根据输出结果可以看到，此操作系统为 64 位，Ubuntu 版本号为 18.04。

（2）验证 Python 的版本。

因为 Ubuntu 系统自带 Python，所以只需要简单验证 Python 的版本即可。

注意，PaddlePaddle 现在仅支持 Python 3.6 及以上的版本。

在命令行中运行以下命令以查看安装的 Python 是否符合要求。

```
python3 --version
```

输出结果如下。

```
Python 3.8.1
```

（3）验证 pip 的版本信息。

需要确认 pip 的版本是否满足要求，要求 pip 版本为 20.2.2 或更高版本。

```
python3 -m pip --version
```

若系统中没有安装 pip 标准库管理器，可通过下述命令进行安装。

```
sudo apt install python3-pip
```

若上述步骤均无出错且版本号无误，则可以继续安装 PaddlePaddle。

（4）验证 CUDA 的版本。

在验证 CUDA 的版本前，先在命令行中运行以下命令来安装 CUDA 工具包。

```
sudo apt-get install nvidia-cuda-toolkit
```

安装完成之后，可以通过以下命令查看安装的 CUDA 的版本。

```
nvcc -V
```

步骤 3：安装 PaddlePaddle

根据上述步骤得到的 Python、CUDA 版本等信息，确定所需要安装的 PaddlePaddle 版本后，进入 PaddlePaddle 的官方网站，在官网顶部导航栏单击“安装”，进入 PaddlePaddle 安装界面。如图 8-17 所示，选择与本地设备对应的“操作系统”“安装方式”和“计算平台”选项，复制“安装信息”一栏的安装命令。打开本地系统的命令提示符窗口，粘贴命令并按“Enter”键进行安装。

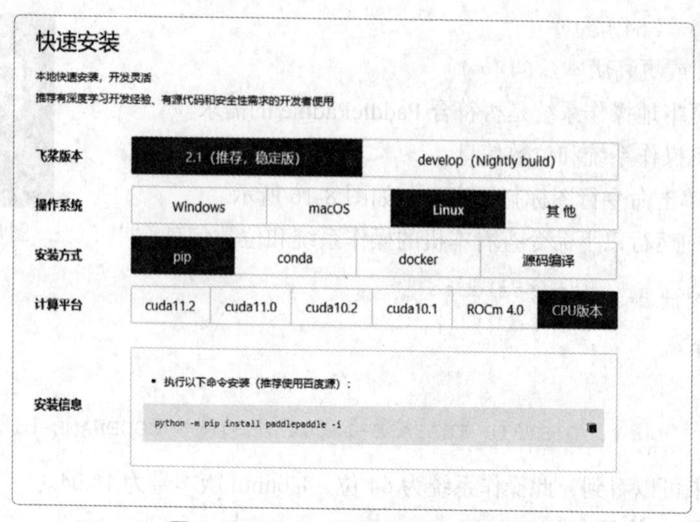

图 8-17　Linux 系统下的快速安装界面

步骤 4：验证安装情况

PaddlePaddle 安装完成之后，可以通过以下操作来验证 PaddlePaddle 的安装情况。

（1）在命令提示符窗口中运行以下命令，进入 Python 解释器。

```
python3
```

（2）运行以下代码来验证是否正确安装 PaddlePaddle。

```
import paddle
paddle.utils.run_check()
```

若输出以下内容，则说明 PaddlePaddle 已经正确安装。

```
PaddlePaddle is installed successfully!
```

否则说明 PaddlePaddle 没有正确安装，请检查先前步骤是否出错。

知识拓展

8.5 GPU

GPU 是一种专门用于进行图像和图形的相关运算的微处理器。GPU 的出现使得显卡减少了对 CPU 的依赖，CPU 上的部分工作转由 GPU 负责。

在“深度学习时代”，得益于 GPU 对浮点数运算能力的加强，深度学习模型的训练速度得到大幅度的提升。从实际实验的结果来看，使用 CPU 训练模型所需的时间是使用 GPU 训练模型所需时间的 10 倍以上，并且同等性能下，CPU 的价格可能是 GPU 价格的 10 倍或以上。

8.6 CUDA 和 CUDA 工具包

CUDA 是由英伟达公司开发的一款通用并行运算架构的平台，并且配置在 GPU 中进行数据的计算。CUDA 通过发挥 GPU 硬件的性能来提高计算速度。CUDA 可以直接访问 GPU 虚拟指令集和并行计算的单元。

CUDA 工具包（CUDA Toolkit）是与 CUDA 配套的工具包。开发者可以使用工具包中的接口来调用 CUDA。CUDA 工具包包括一个 GPU 加速库、一个编译器和相关的开发工具。

课后实训

（1）如果一个已经完善的深度学习系统，突然在某天出现了“接口”一类的问题，该深度学习系统最有可能使用了以下哪一款框架？（　　）【单选题】

A．PyTorch　　B．TensorFlow　　C．Caffe　　D．PaddlePaddle

（2）一个已经在工业界落地的大规模深度学习系统，最不可能使用以下哪一款框架？（　　）【单选题】

A．PaddlePaddle　　B．Caffe　　C．PyTorch　　D．TensorFlow

（3）下面哪一个特性不属于 Caffe 框架？（　　）【单选题】

A．易拓展　　B．操作简洁、快速、易用

C．源码简洁明了　　D．性能出众

（4）以下哪个深度学习框架是由谷歌公司开发并推出的？（　　）【单选题】

A．Keras　　B．TensorFlow　　C．PyTorch　　D．PaddlePaddle

（5）如果在一台装有 Python 的计算机中的命令行中运行“Python”却无法进入 Python 解释器，最有可能是出现了什么问题？（　　）【单选题】

A．Python 出错　　B．没有配置好环境变量

C．打开 Python 的方式不对　　D．没有联网

项目9 深度学习框架基础功能应用

09

利用深度学习框架可以大幅度减少开发人员的工作量，使开发人员不用从零开始编写实现模型架构的代码和解决如何求偏导数等一系列复杂且抽象的数学问题，开发人员能够更加专注于深度学习领域更高级的应用。

项目目标

（1）了解深度学习框架的应用流程。
（2）熟悉深度学习框架的基础功能。
（3）掌握深度学习模型的训练流程。
（4）能够应用深度学习框架搭建简单网络。

项目描述

深度学习框架的出现极大地推动了深度学习的发展。概括来说，使用框架有两个优势，一是可节省开发人员编写大量底层代码的精力，屏蔽底层实现，开发人员只需关注模型的逻辑结构，降低了深度学习的入门门槛；二是可解决开发人员部署和适配环境的烦恼，代码具备可移植性，可将代码部署到 CPU、GPU 或移动端上。

在项目 8 中，我们已经了解了深度学习框架的作用，以及一些常用的框架和它们的优缺点。但是“纸上得来终觉浅”，本项目的项目实施部分将以预测某一部电影上映后是否会受到大众的喜爱作为例子，介绍如何使用深度学习框架搭建深度学习模型。模型以某一部电影的导演、主演和电影的类型等信息作为输入，输出两个预测结果，即“受大众喜爱”与“未受大众喜爱”。

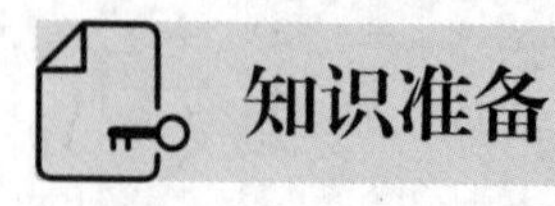

知识准备

深度学习框架的本质是框架自动实现建模过程中相对通用的模块，建模者只实现模型个性化的部分，这样可以在“节省投入”和“产出强大”之间达到平衡。在构建模型的过程中，每一步所需要完成的任务均可以拆分成个性化和通用两个部分。

- 个性化部分：往往是指定模型由哪些逻辑元素组成，由建模者完成。
- 通用部分：聚焦这些元素的算法实现，由深度学习框架完成。

深度学习框架设计示意如表 9-1 所示，其中包含 5 个过程，分别为模型设计、数据准备、训练设置、应用部署、模型评估，还包含建模者和深度学习框架所负责的工作职责。

表9-1 深度学习框架设计示意

思考过程	工作内容	工作职责	
		建模者负责	深度学习框架负责
模型设计	假设一种网络结构	设计网络结构	网络结构的实现
	设计损失函数	指定损失函数	损失函数的实现
	寻找优化方法	指定优化算法	优化算法的实现
数据准备	准备训练数据	提供数据和接入方式	批量传入数据
训练设置	训练配置	单机和多机配置	单机、多机转换，训练程序的实现
应用部署	部署应用或测试环境	保存模型和加载模型	模型保存的具体实现
模型评估	评估每轮训练模型的效果	指定评估指标	指标实现以及图形化

无论是计算机视觉任务还是自然语言处理任务，所使用的深度学习模型结构都是类似的，只是在每个环节指定的实现算法不同。因此，在多数情况下，算法实现只拥有一些相对有限的选择，如常用的损失函数不超过 10 种，常用的网络配置不超过 20 种，常用的优化算法不超过 5 种等，这些特性使得基于框架建模更像进行模型配置的过程。接下来主要介绍通过深度学习框架搭建模型的流程。

9.1 模型设计

模型的设计通常要考虑 3 个部分，包括模型的输入、模型的输出和模型的架构。以下是对这 3 个部分的详细介绍。

9.1.1 模型的输入

模型的输入取决于使用的数据集。对于计算机视觉任务，模型的输入通常是图像的像素值和通道值，其中通道值指的是描述图像中颜色数量的值。彩色图像由红、绿、蓝 3 种原色复合而成，所以彩色图像的通道值是 3；灰度图像只有一种颜色，所以灰度图像的通道值是 1。类似地，在本项目中，模型的输入是批量的数据，每次取出其中的一条数据输入模型。本项目中所使用的电影简介数据，其构成没有图像数据复杂，只需要考虑电影简介数据中含有的特征的数量即可。也就是说，在本项目中，模型的输入就是电影简介数据中含有的特征数量。

9.1.2 模型的输出

模型的输出取决于任务的目的。对于分类任务来说，模型的输出是输入数据的标签的类别。对于回归任务来说，目的是通过输入，经过计算后输出一个回归值作为结果。本项目只需要预测某部电影上映之后是否会受到大众的欢迎即可，属于分类任务。

9.1.3 模型的架构

对于普通的深度学习模型，模型的架构就是决定某个模型的层数和选用的激活函数。其中，模型的激活函数与人脑中的神经元作用类似，它能够将上一层输入的内容输出给下一层，能够使模型对非线性数据的拟合能力更优。对于计算机视觉任务，模型的架构便较为复杂，不仅要考虑普通深度学习模型设计架构时所要面对的问题，还要考虑是否加入丢弃层（Dropout）层以及层与层之间的连接关系等复杂的问题。

而丢弃层是使某一层的输出中的某些输出“失活”，使其不参与下一层的运算的一种网络的架构。

对于本项目，只需要用到简单的深度学习模型全连接层即可。全连接层中的每一个结点都与上一层的所有结点相连，用来把前边提取到的特征综合起来，可以简单理解为多个线性回归模型组合在一起，形成一个神经网络层。模型的架构如图 9-1 所示，每一个方框便是模型中的一层，方框里注明了每一层的种类和其被调用时所需要传入的参数。若方框里只注明了种类，则表示调用该层时不需要传入参数。

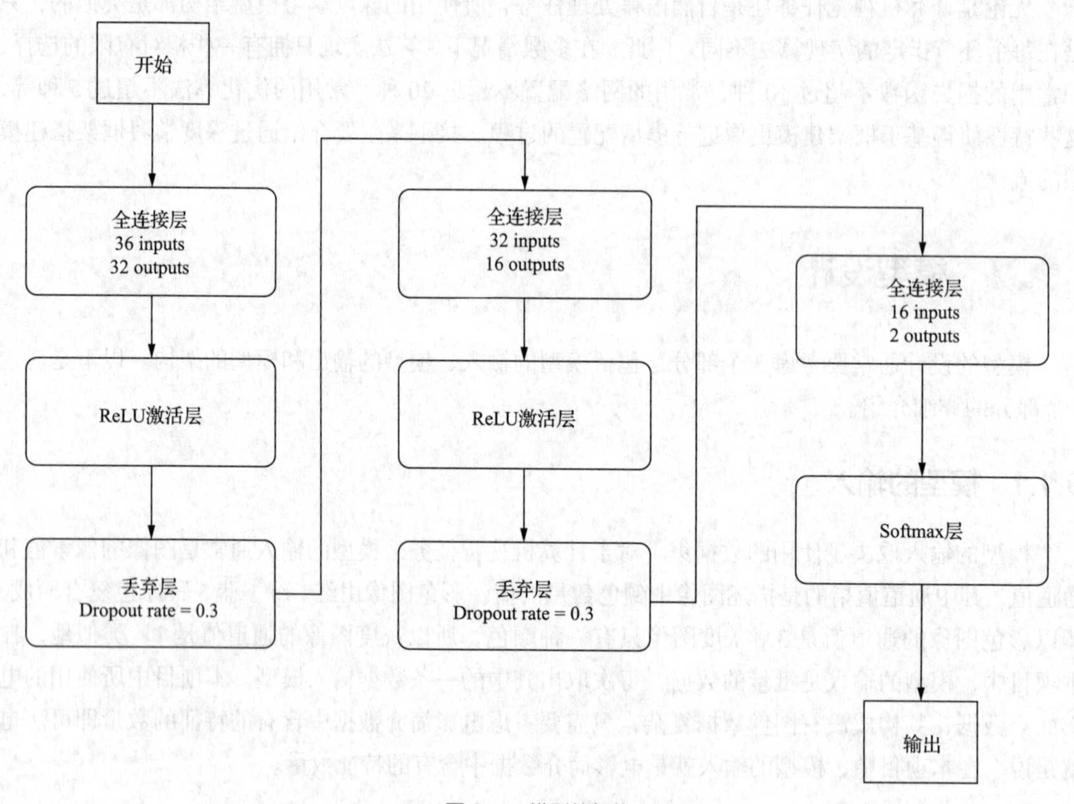

图 9-1 模型的架构

9.2 数据准备

准备好的数据不能直接输入搭建好的模型中进行训练，需要对数据进行一定的处理，使其符合一定的规范才能输入模型进行训练。在将数据输入模型前，需要对数据进行打乱、划分训练集与测试集等操作。

9.3 训练设置

训练设置主要是指训练时的环境配置，如是否使用 GPU、是否使用多台主机进行训练等。其中重要的是编写函数训练模型。训练模型的函数就像一条“主线”，将数据和模型等串成可以用于实现需求的应用。

9.4 应用部署

应用部署主要是指将训练完成的模型进行保存，并根据实际应用场景将其部署到服务器、端侧设备等进行应用。

9.5 模型评估

完成模型的搭建和训练之后，需要对效果进行评估。评估回归模型效果的指标有 4 种，即均方误差、均方根误差、平均绝对值误差与 R^2。评估分类模型的指标通常有准确率（Accuracy）、精确率（Precision）、召回率（Recall）和 F1-score 等。

项目实施 | 预测电影受欢迎度

9.6 实施思路

基于项目描述与知识准备内容的学习，我们已经对使用深度学习框架来搭建模型的流程有了一定的理解。现在以预测某一部电影上映后是否会受到大众喜爱为例，使用深度学习框架搭建模型并完成任务。本项目通过 5 个步骤实现，其中对于模型评估步骤，通过定义评估函数将其合并在训练设置步骤中，从而实现在每次训练结束后进行评估。具体实现步骤如下。

（1）导入相关库。

（2）模型设计。

（3）数据准备。

（4）训练设置。

（5）模型训练。

9.7 实施步骤

步骤 1：导入相关库

首先，需要将项目所需的 Python 库全部导入，代码如下。

```
import pandas as pd
import numpy as np
import paddle
import paddle.fluid as fluid
import paddle.nn.functional as F
```

步骤 2：模型设计

首先了解全连接层模块的 API，PaddlePaddle 内置了全连接层的封装模块，并且只需要少量代码即可调用，代码如下。

```
paddle.nn.Linear(in_features, out_features, weight_attr=None, bias_
attr=None, name=None)
```


paddle.nn.Linear() 函数中的参数说明如下。

- in_features：线性变换层输入单元的数目。
- out_features：线性变换层输出单元的数目。
- weight_attr：可选，指定权重参数的属性。默认值为 None，表示使用默认的权重参数属性，将权重参数初始化为 0。
- bias_attr：可选，指定偏置参数的属性。bias_attr 为布尔类型且值设置为 False 时，表示不会为该层添加偏置。bias_attr 的值如果被设置为 True 或者 None，则表示使用默认的偏置参数属性，将偏置参数初始化为 0。默认值为 None。
- name：可选，一般无须设置，默认值为 None。

接着实现所设计模型的架构。PaddlePaddle 通过继承 paddle.nn.Layer 类来将需要实现的模型封装成一个类，开发人员需要重写类中的 forward() 函数来完成模型的搭建。下面的代码实现了先前设计好的模型架构。

```
class NN_paddle(paddle.nn.Layer):

  def __init__(self,in_channels,out_channels):

      super(NN_paddle,self).__init__()# 调用父类的构造方法

      self.fc1 = paddle.nn.Linear(in_channels,32)
      self.do1 = paddle.nn.Dropout(0.3)# 使用丢弃法，防止模型过拟合
      self.fc2 = paddle.nn.Linear(32,16)
      self.do2 = paddle.nn.Dropout(0.1)
      self.fc3 = paddle.nn.Linear(16,out_channels)
```

```
    def forward(self,X, label=None):

        outputs1 = F.relu(self.fc1(X))
        outputs1 = self.do1(outputs1)
        outputs2 = F.relu(self.fc2(outputs1))
        outputs2 = self.do2(outputs2)
        outputs3 = F.softmax(self.fc3(outputs2))

        if label is not None:
            acc = paddle.metric.accuracy(input=outputs3, label=label)# 调用准确率对应的接口，计算模型的准确率
            return outputs3, acc
        else:
            return outputs3
```

这里重写了 forward() 函数，来实现深度学习模型的前向传播过程。所谓前向传播过程，就是模型输入输出中的计算过程。需要注意的是，激活函数并没有在 __init__() 函数中定义，而是调用了 paddle.nn.functional 的接口来实现。

步骤 3：数据准备

实验所需要的数据已经预先处理完毕，将其导入并将其划分为训练集和测试集，最终将其封装成数据集即可。

（1）首先将本项目所使用的数据导入，代码如下。

```
data = pd.read_csv(r'./data/clean_data_movie.csv').drop([ 'Unnamed: 0','Title'],axis =1)# 导入数据
```

（2）数据加载完成后，对训练集和测试集进行划分，代码如下。

```
def train_test_split(data_split,train_size_rate):

    assert train_size_rate<1 and train_size_rate>0, 'train_size_rate should be greater than 0 and smaller than 1'
    data_split = data_split.sample(frac=1).reset_index(drop=True)# 通过随机采样打乱数据
    train_data = data_split.iloc[:int(len(data_split)*train_size_rate),:]# 划分训练集
    test_data = data_split.iloc[int(len(data_split)*train_size_rate):,:]# 划分测试集

    return train_data,test_data
```

这里默认训练集和测试集的数据比例为 7:3，可以通过传入不同的比例值来进行调整。需要注意的是，传入的参数的值应该为 (0,1) 的值。

（3）完成数据集的划分后，接下来即可对数据进行封装。

在进行深度学习之前，重要的一步便是将数据封装成模型能够调用的格式。通用的封装代码如下。

```
def load_data(data_load,labels_name,batch_size):

    data_load = data_load.sample(frac=1).reset_index(drop=True)# 打乱传入的数据集

    labels = data_load[labels_name]# 取出标签列
    data_ready_to_load = data_load.drop(labels_name,axis = 1)# 丢弃标签列

    assert len(data_ready_to_load) == len(labels), \
      "length of train_imgs({}) should be the same as train_labels({})".format(
          len(data_clean), len(labels))

    def data_generator():

      data_list = []
      labels_list = []

      for i in list(data_ready_to_load.index):
          data = np.array(data_ready_to_load.iloc[i,:]).astype('float32')
                                                # 取出一条数据进行格式的转换
        label = np.array(labels[i]).astype('int64')
        label = np.reshape(labels[i],[1])# 取出一条数据的标签进行格式的转换

        data_list.append(data)
        labels_list.append(label)

        if len(data_list) == batch_size:
           yield np.array(data_list),np.array(labels_list)# 生成一个批次的数据

           data_list = []
           labels_list = []

      if len(data_list)>0:# 最后一个批次的数量可能不足一个 batch_size
          yield np.array(data_list),np.array(labels_list)

return data_generator# 返回一个迭代器
```

对于不同的任务，只需要传入 DataFrame 格式的数据集即可完成封装，供深度学习模型使用。

步骤 4：训练设置

接下来进行模型的训练设置。首先定义模型评估函数，用于模型每轮训练后的模型评估，接着定义模型训练函数并配置相关参数，具体步骤如下。

（1）在本项目中，使用准确率来评估模型的效果，代码如下。

```
def evaluate_accuracy(data_iter, net):

    acc_sum, n = 0.0, 0
    with paddle.no_grad():# 在使用准确率评估模型效果期间，需要关闭模型的梯度追踪功能
      for batch_id, data in enumerate(data_iter()):
        X, y = data# 读取一条数据
        X = paddle.to_tensor(X)
        y = paddle.to_tensor(y)
        net.eval() # 评估模式，这会关闭丢弃层
        predicts,acc = net(X,y)# 在通过前向传播过程得到预测值的同时计算准确率
        acc_sum += acc
        net.train() # 改回训练模式
        n=n+1

    return acc_sum/n
```

这样，便可以通过准确率来评估模型的效果。

（2）下面的代码可以将知识准备中介绍的模型设计、数据准备和训练设置的内容串联起来并最终实现预测某电影上映之后是否会受到欢迎，具体代码如下。

```
def train(model,train_data,test_data,labels_name,batch_size,lr,use_gpu):

    paddle.set_device('gpu:0') if use_gpu else paddle.set_device('cpu')

    model.train()
    # 调用加载数据的函数
    train_loader = load_data(train_data,labels_name,batch_size)
    test_loader = load_data(test_data,labels_name,batch_size)
    # 使用 Adam 优化器，将 learning_rate 设置为 lr
     opt = paddle.optimizer.Adam(learning_rate=lr, parameters=model.
parameters(),weight_decay = 0.001)
    # 训练 50 轮
    EPOCH_NUM = 50
    for epoch_id in range(EPOCH_NUM):
      for batch_id, data in enumerate(train_loader()):
        # 准备数据
        X, y = data# 读取一条数据
        X = paddle.to_tensor(X)
        y = paddle.to_tensor(y)
```

```
        # 前向计算的过程
        predicts,train_acc = model(X,y)

        # 计算损失，取一个批次样本损失的平均值
        loss = F.cross_entropy(predicts, y)
        avg_loss = paddle.mean(loss)

        test_acc = evaluate_accuracy(test_loader,model)

        # 每训练 10 个批次的数据，输出当前损失的情况
        if batch_id % 10 == 0:
            print("epoch: {}, batch: {}, loss is: {},train_acc is: {},test_acc is:{}"
              .format(epoch_id, batch_id, avg_loss.numpy(), train_acc.numpy(),test_
acc.numpy()))

            # 反向传播，更新参数的过程
            avg_loss.backward()
            # 最小化损失，更新参数
            opt.step()
            # 清除梯度
            opt.clear_grad()

    # 保存模型参数
    paddle.save(model.state_dict(),'./mnist.pdparams')
```


在本项目中，通过对计算出来的损失求梯度，再根据梯度值逐层反向传播，所谓反向传播就是将模型损失求得的梯度进行回传，用以更新权重的过程。最后通过更新模型中的参数来实现“深度学习”。这些微分反向传播的过程都已经被 PaddlePaddle 框架封装完毕，使用的时候只需要仿照上面的代码进行编写即可完成这些复杂的计算过程。

步骤 5：模型训练

现在可以输入下面的代码，执行设计完成的深度学习模型。

```
model = NN_paddle(36,2)
train_data,test_data = train_test_split(data, 0.7)
train(model,train_data,test_data,'Success',128,1e-3,False)
```

输出结果如下。

```
epoch: 0, batch: 0, loss is: [0.91181725],train_acc is: [0.3828125],test_acc
is:[0.16267641]
epoch: 1, batch: 0, loss is: [0.57115096],train_acc is: [0.75],test_acc is:[0.86479336]
epoch: 2, batch: 0, loss is: [0.496221],train_acc is: [0.8203125],test_acc is:[0.83732355]
....
```

```
epoch: 49, batch: 0, loss is: [0.4801463],train_acc is: [0.828125],test_acc is:[0.8688256]
```

从输出结果可以看到，最后结束训练时，训练集上的准确率约为 82%，而测试集上的准确率约为 86%。在实际的应用中可以通过设置合适的神经网络中的参数来进一步提高模型的性能。至此便完成了一个简单的深度学习模型的搭建。

知识拓展

在先前设计模型时，在深度学习模型的搭建环节使用了两种不同的搭建方式。一种是使用 PaddlePaddle 封装成类的接口 nn.xxx，另一种是调用函数形式的 nn.functional.xxx。下面对这两种方式进行说明。

1. 两者的相同之处

nn.xxx 和 nn.functional.xxx 的实际功能是相同的。以全连接层来说，nn.Linear 和 nn.functional.linear 实现的功能都是一样的，只不过 nn.Linear 被封装成了类，而 nn.functional.linear 被封装成了函数。

2. 两者的差别之处

（1）两者的调用方式不同。

nn.Linear 首先需要实例化 nn.Linear 类并传入构造模型所需要的参数，然后以函数调用的方式调用实例化对象并传入输入数据，这里输入的数据是网络的输入 x。参考代码如下。

```
import paddle


linear = paddle.nn.Linear(2, 4)
x = paddle.randn((3, 2), dtype="float32")
y = linear(x)
```

nn.functional.linear 则不需要实例化，但是要初始化权重参数。参考代码如下。

```
import paddle


x = paddle.randn((3, 2), dtype="float32")
weight = paddle.full(shape=[2, 4], fill_value="0.5", dtype="float32",
name="weight")#初始化模型的权重参数
bias = paddle.ones(shape=[4], dtype="float32", name="bias")#初始化模型的偏置参数
y = paddle.nn.functional.linear(x, weight, bias)
```

因此，在具有需要被学习的参数的层中，如 Linear、Conv2d 等，建议采用 nn.xxx 方式；在没有需要被学习的参数的层中，如最大池化层、ReLU 和 Sigmoid 等，可使用 nn.functional.xxx 或者 nn.xxx 方式。

（2）nn.xxx 继承于 layers.Layer，能够和 nn.Sequential 一起使用，同时也继承有 layers.Layer 类的方法，如 eval()、train() 等。而 nn.functional.xxx 无法和 nn.Sequential 一起使用，也没有 eval()、train() 等方法。

课后实训

（1）如果需要调用一个输入的特征数目是 32，输出的特征数目是 64 的全连接层，下面哪个选项是正确的？（　　）【单选题】

A．paddle.nn.Conv2d(3,64)　　B．paddle.nn.functional.relu()

C．nn.Linear(32,64)　　D．nn.Dropout(5)

（2）假设有 60 个正样本、40 个负样本，要找出所有的正样本，系统查找出 50 个，其中只有 40 个是真正的正样本，下面说法正确的是？（　　）【单选题】

A．准确率是 80%　　B．召回率是 80%

C．精确率是 70%　　D．以上说法均不对

（3）如果现在需要对模型采用准确率来进行评估，以下哪个选项应该出现在采用准确率进行评估的代码中？（　　）【单选题】

A．paddle.no_grad()　　B．avg_loss.backward()

C．opt.clear_grad()　　D．A、C 均正确

（4）下面哪一项不属于建模者需要完成的任务？（　　）【单选题】

A．指定损失函数　　B．网络模块的实现

C．设计网络结构　　D．指定优化算法

（5）下面哪一项正确调用了 ReLU 激活函数？（　　）【单选题】

A．nn.Sigmoid()　　B．relu()　　C．nn.Tanh()　　D．以上都不对

项目 10 深度学习线性回归模型应用

10

线性回归模型是基础的深度学习模型，许多功能强大的非线性模型都是在线性模型的基础上演变而来的。线性回归模型能够通过确定的线性函数来表示数据特征间的关系，常用于数据特征较少和数据量较大的任务中。

项目目标

（1）了解均方误差的基本概念。
（2）了解交叉熵的基本概念。
（3）了解优化器的基本概念与方法。
（4）能够应用深度学习框架搭建线性回归模型。

项目描述

通过项目 9 的学习，我们已经可以从整体上把握如何搭建深度学习模型。本项目将首先介绍损失函数、优化器等深度学习模型应用中的重要概念，然后通过搭建一个线性回归模型，实现预测汽车的油耗量，使读者掌握深度学习模型的评估和优化方法。

知识准备

10.1 损失函数

在深度学习领域中，通常使用损失函数来评估模型的优劣，即评估模型预测值和真实值之间的差异。损失函数的值越小，模型的性能通常越好。不同模型使用的损失函数一般是不同的。接下来介绍两种常见的损失函数——均方误差和交叉熵。

10.1.1 均方误差

均方误差（Mean Square Error，MSE）是对真实值与预测值之间差异程度的一种度量，通常用作线性回归的损失函数，其公式如下。

$$\mathrm{MSE}=\frac{1}{N}\sum_{i=1}^{N}(\hat{y}_i-y_i)^2$$

其中，$\hat{y}_i$ 为预测的标签值，y_i 为真实的标签值，N 为样本数量。均方误差的值域为 $[0,+\infty)$，当预测值与真实值完全相同时其值为 0。预测值和真实值的差异越大，该值越大，反之则越小。

10.1.2 交叉熵

对于分类任务，一般不用均方误差作为分类模型的损失函数，而是使用交叉熵作为模型的损失函数。交叉熵的公式如下。

$$L(\theta)=\frac{1}{N}\sum_{i=1}^{N}\{-y_i\log[h_\theta(x_i)]-(1-y_i)\log[1-h_\theta(x_i)]\}$$

其中，N 是样本数量，x_i 是输入样本的值，y_i 是真实的标签值，而 $h_\theta(x_i)$ 用来计算标签值，$h_\theta(x_i)$ 的计算公式如下。

$$h_\theta(x)=\frac{1}{1+\mathrm{e}^{-\theta^{\mathrm{T}}X+b}}$$

直观上来说，若某一个样本的真实值为 1，则交叉熵公式只剩下 $-y_i\log[h_\theta(x_i)]$。此时 $h_\theta(x_i)$ 的结果越接近于 0，即模型认为该样本属于类别 0，则此时 $-y_i\log[h_\theta(x_i)]$ 的值越大，损失也越大；此时 $h_\theta(x_i)$ 的结果越接近于 1，即模型认为该样本属于类别 1，则此时 $-y_i\log[h_\theta(x_i)]$ 的值越小，损失也越小。

10.2 优化器

对于机器学习和深度学习，定义好损失函数后，重要的就是求解出使得损失函数值最小的一组参数。如果损失函数中没有式子可以求出该函数的解，那么可以采用求函数的负梯度的方法，并且使损失函数沿着负梯度下降来减小损失。所谓梯度就是函数的一阶导数。在深度学习中，用于求解损失梯度和更新模型中的权重的部分被称作优化器，优化器中较为常用的是梯度下降法、随机梯度下降法和小批量随机梯度下降法。接下来介绍这 3 种算法。

10.2.1 梯度下降法

梯度下降法（Gradient Descent）是求解机器学习算法的模型参数时常采用的算法之一。在机器学习算法中求解损失函数时，可以通过梯度下降法来逐步进行损失大小的求解，得到最小的损失函数的值以及模型参数的值。梯度下降法就是在一个可微分的函数中，找到给定点的梯度，朝着梯度的负方向，就能使函数值下降最快，并以最快的速度找到函数的最小值，因为梯度的负方向就是函数值变化最快的方向。梯度下降法的数学公式如下。

$$\theta_{t+1} = \theta_t - \eta \frac{\partial L}{\partial \theta_t}$$

其中 θ_t 是更新前的权重和偏置，η 是需要人为选取的学习率，它控制每一次更新的步长。L 是所有样本的平均损失值，其计算方法如下。

$$L = \frac{1}{N}\sum_{i=1}^{N} l(\hat{y}_i, y_i)$$

其中，N 是样本数量，$\hat{y}_i$ 表示预测标签值，y_i 表示真实的标签值，l 表示单个样本的损失值。

10.2.2 随机梯度下降法

如果单纯使用梯度下降法进行参数的更新，那么当样本量很大的时候，计算将变得非常缓慢而且效率不高。这时可以使用随机梯度下降法（Stochastic Gradient Descent，SGD），使用 SGD 可以有效减少每次迭代的计算开销从而提高计算效率。SGD 使用随机采样得到的一个样本，计算它的损失函数的偏导数，得到的数值用以更新神经网络中的参数。SGD 的数学公式如下。

$$\theta_{t+1} = \theta_t - \eta \frac{\partial L}{\partial \theta_t}$$

其中，参数意义与梯度下降法的数学公式中介绍的参数相同，区别在于 L 的计算方法，随机梯度下降法的 L 计算方法如下。

$$L = l(\hat{y}_i, y_i)$$

使用 SGD 虽然减少了每次迭代的计算开销，但是其受单个样本的影响非常大。特别是如果将使用离群点计算出来的梯度用于模型更新的话，可能会使得模型的效果变差。这里的离群点指的就是与绝大多数样本差异较大的点。

10.2.3 小批量随机梯度下降法

小批量随机梯度下降法（mini-batch Stochastic Gradient Descent，miniSGD）是上述两种算法的平衡。其在减少计算开销的同时，降低了梯度受单个样本的影响程度，其数学公式如下。

$$\theta_{t+1} = \theta_t - \eta \frac{\partial L}{\partial \theta_t}$$

其中，参数意义与梯度下降法的数学公式中介绍的参数相同，区别在于 L 的计算方法，小批量随机梯度下降法的 L 计算方法如下。

$$L = \frac{1}{M}\sum_{i=1}^{M} l(\hat{y}_i, y_i)$$

其中，M 为部分样本数量。

10.3 自定义数据集

在使用深度学习框架时，模型对输入的数据有一定的规范要求。不能直接将现有的数据输入模型，需要对数据进行封装。下面介绍如何构建数据集，参考代码如下。

```
def load_data(data_load,labels_name,batch_size):

    data_load = data_load.sample(frac=1).reset_index(drop=True)# 打乱传入的数据集

    labels = data_load[labels_name]# 取出标签列
    data_ready_to_load = data_load.drop(labels_name,axis = 1)# 丢弃标签列

    assert len(data_ready_to_load) == len(labels), \
      "length of train_imgs({}) should be the same as train_labels({})".format(
         len(data_clean), len(labels))

    def data_generator():

      data_list = []
      labels_list = []

      for i in list(data_ready_to_load.index):
          data = np.array(data_ready_to_load.iloc[i,:]).astype('float32')
                                                    # 取出一条数据进行格式的转换
        label = np.array(labels[i]).astype('float32')
        label = np.reshape(labels[i],[1])# 取出一条数据的标签进行格式的转换

        data_list.append(data)
        labels_list.append(label)

        if len(data_list) == batch_size:
          yield np.array(data_list),np.array(labels_list)# 生成一个批次的数据

          data_list = []
          labels_list = []

      if len(data_list)>0:# 最后一个批次的数量可能不足一个 batch_size
        yield np.array(data_list),np.array(labels_list)

   return data_generator# 返回一个数据迭代器
```

其中，传入的data_load是所需要封装的数据，labels_name是标签的名字，batch_size是批量的大小。当返回的迭代器被调用时，每次传出一个批量到上层时会保存返回时的中断，待下一次调用的时候，恢复上次的中断继续运行。

项目实施 | 通过深度学习模型预测汽车油耗量

10.4 实施思路

基于对项目描述以及知识准备内容的学习，我们已经了解了均方误差和梯度下降法的基本概念。下面通过预测汽车油耗量，来介绍使用 PaddlePaddle 框架搭建深度学习线性回归模型的方法。以下是本项目的实施步骤。

（1）导入相关库。

（2）模型设计。

（3）数据准备。

（4）训练设置。

（5）模型训练。

10.5 实施步骤

步骤 1：导入相关库

首先，需要将项目所需的 Python 库全部导入，代码如下。

```
import pandas as pd
import numpy as np
import paddle
import paddle.fluid as fluid
import paddle.nn.functional as F
```

步骤 2：模型设计

接着实现设计模型的架构。PaddlePaddle 通过继承 paddle.nn.Layer 类来将需要实现的模型封装成一个类，开发人员需要重写类中的 forward() 函数来完成模型的实现。下面的代码实现了先前设计好的模型架构。

```
class Regressor(paddle.nn.Layer):

    # self 代表类的实例自身
    def __init__(self,n):
        # 初始化父类中的一些参数
        super(Regressor, self).__init__()

        # 定义一层全连接层，输入维度是 n，输出维度是 1
        self.fc =paddle.nn.Linear(in_features=n, out_features=1)
```

```
# 网络的前向计算
def forward(self, inputs):
    x = self.fc(inputs)
    return x
```

这里的代码重写了 forward() 函数，来实现线性回归模型的计算过程。

步骤 3：数据准备

项目所需要的数据已经预先处理完毕，使用时简单导入即可。

（1）本次加载的数据集是 CSV 格式的文件，因此使用 pandas 的 read_csv() 进行数据的导入，代码如下。

```
data = pd.read_csv('./data/gas_use_clean.csv').drop([ 'Unnamed: 0'],axis =1)
```

（2）数据概览，此处只展示部分数据，如图 10-1 所示。

	distance	speed	temp_inside	temp_outside	92	98	ac	rain	sun	snow	consume
0	0.743220	0.887756	1.059402	0.949970	0	1	0	0	1	0	1.360977
1	-0.161145	-0.068230	0.069749	-0.051240	0	1	0	0	0	0	1.504077
2	0.668224	-1.024216	-1.909557	-1.052450	0	1	0	0	0	0	1.386294
3	-0.355253	-1.244829	-0.425077	-0.766390	0	1	0	0	0	0	1.609438
4	-0.253787	-1.465441	-1.909557	-0.480330	0	1	0	0	0	0	1.722767
5	0.712339	0.667143	-0.425077	-0.766390	1	0	0	0	0	0	1.481605
6	-0.346430	0.740681	0.069749	-0.051240	0	1	0	0	0	0	1.667707

图 10-1　数据概览

其中，油耗量“consume”用作数据集的标签，而其他的特征用作输入的特征。

（3）划分训练集和测试集，通过以下代码定义数据集划分函数 train_test_split()。

```
def train_test_split(data_split,train_size_rate=0.7):

    assert train_size_rate<1 and train_size_rate>0, 'train_size_rate should be greater than 0 and smaller than 1'
    data_split = data_split.sample(frac=1).reset_index(drop=True)# 通过随机采样打乱数据
    train_data = data_split.iloc[:int(len(data_split)*train_size_rate),:]# 划分训练集
    test_data = data_split.iloc[int(len(data_split)*train_size_rate):,:]# 划分测试集

    return train_data,test_data
```

这里默认训练集和测试集的数据比例为 7：3，可以通过控制 train_size_rate 参数的大小来调整比例。需要注意的是，传入的参数的值应该为 (0,1) 的值。

以下代码表示调用数据集划分函数 train_test_split()。

```
data_train,data_test = train_test_split(data)
```

（4）将数据封装成数据集。

调用前文介绍过的数据封装方法 load_data() 进行封装。对于不同的任务，只需要传入 DataFrame 格式的数据集，即可完成封装以供深度学习模型使用，其中 DataFrame 是 pandas 库用

来处理数据的一种特殊的格式。示例代码如下。

```
def load_data(data_load,labels_name,batch_size):

  data_load = data_load.sample(frac=1).reset_index(drop=True)# 打乱传入的数据集

  labels = data_load[labels_name]# 取出标签列
  data_ready_to_load = data_load.drop(labels_name,axis = 1)# 丢弃标签列

  assert len(data_ready_to_load) == len(labels), \
    "length of train_imgs({}) should be the same as train_labels({})".format(
         len(data_clean), len(labels))

  def data_generator():

    data_list = []
    labels_list = []

    for i in list(data_ready_to_load.index):
        data = np.array(data_ready_to_load.iloc[i,:]).astype('float32')
                                                    # 取出一条数据进行格式的转换
      label = np.array(labels[i]).astype('float32')
      label = np.reshape(labels[i],[1])# 取出一条数据的标签进行格式的转换

      data_list.append(data)
      labels_list.append(label)

      if len(data_list) == batch_size:
        yield np.array(data_list),np.array(labels_list)# 生成一个批次的数据

        data_list = []
        labels_list = []

      if len(data_list)>0:# 最后一个批次的数量可能不足一个 batch_size
        yield np.array(data_list),np.array(labels_list)

  return data_generator# 返回一个数据迭代器
```

步骤 4：训练设置

接下来进行模型的训练设置。首先定义模型评估函数，用于模型每轮训练后的模型评估，接着定义模型训练函数并配置相关参数，具体步骤如下。

(1) 在本项目中，使用均方误差来评估模型的效果，代码如下。

```
def evaluate_mse(data_iter, net):

  mse_sum, n = 0.0, 0
  with paddle.no_grad():# 在评估模型效果期间，需要关闭模型的梯度追踪功能
    for batch_id, data in enumerate(data_iter()):
      X, y = data# 读取一条数据
      X = paddle.to_tensor(X)
      y = paddle.to_tensor(y)
      net.eval() # 评估模式 , 这会关闭丢弃层
      predicts = net(X)# 通过前向传播过程得到预测值
      mse = F.square_error_cost(predicts.astype('float32'),y.astype('float32')).sum()
      mse_sum += mse
      net.train() # 改回训练模式
      n=n+1
  return mse_sum/n
```

这样，便可以通过均方误差来评估模型的效果。注意，这里均方误差既是损失函数，也时评估模型效果的指标。

(2) 接着将上述介绍的导入相关库、模型设计、数据准备和训练设置的操作步骤串联起来，并设置优化器等参数，具体代码如下。

```
def train(model,train_data,test_data,labels_name,batch_size,lr):

  paddle.set_device('cpu')

  model.train()
  # 调用加载数据的函数
  train_loader = load_data(train_data,labels_name,batch_size)
  test_loader = load_data(test_data,labels_name,batch_size)
  # 使用 SGD 优化器
  opt = paddle.optimizer.SGD(learning_rate=lr, parameters=model.parameters())
  # 训练 200 轮
  EPOCH_NUM = 200
  for epoch_id in range(EPOCH_NUM):
    train_acc_sum,n = 0.0,0
    for batch_id, data in enumerate(train_loader()):
      # 准备数据
      images, labels = data
      images = paddle.to_tensor(images)
      labels = paddle.to_tensor(labels)
```

```
        # 前向计算的过程
        predicts = model(images)

        # 计算损失，取一个批次样本损失的平均值

        loss = F.square_error_cost(predicts.astype('float32'), labels.astype('float32'))
        avg_loss = paddle.mean(loss)

        n += labels.shape[0]

        mse_test = evaluate_mse(test_loader,model)

        # 每训练 10 个批次的数据，输出当前损失的情况
        if batch_id % 10 == 0:
            print("epoch: {}, batch: {}, loss is: {},test mse is: {}".format(epoch_id,
batch_id, avg_loss.numpy(),mse_test.numpy()))

        # 后向传播，更新参数的过程
        avg_loss.backward()
        # 最小化损失，更新参数
        opt.step()
        # 清除梯度
        opt.clear_grad()

    # 保存模型参数
    paddle.save(model.state_dict(), 'mnist.pdparams')
```

步骤 5：模型训练

接下来通过以下代码，运行设计好的深度学习线性回归模型。

```
model = Regressor(10)
train(model,data_train,data_test,'consume',16,1e-3)
```

输出结果如下。

```
epoch: 0, batch: 0, loss is: [3.1374726],test mse is: [60.88098]
epoch: 0, batch: 10, loss is: [3.6692462],test mse is: [57.84583]
epoch: 1, batch: 0, loss is: [2.8525157],test mse is: [56.027958]
....
epoch: 199, batch: 10, loss is: [0.02932842],test mse is: [0.8605465]
```

从输出结果可以看到，最后结束训练时，训练集上的损失值 loss 只有 0.02932842，而测试集上的误差值 mse 为 0.8605465，可见经过训练得到的模型效果十分优良。

知识拓展

在 10.2 节中介绍了 3 种非常基础的优化器。现在，将介绍一种引入动量的效果更佳的优化器——Momentum。所谓动量是模拟物理中的概念，一个物体的动量指的是该物体在其运动方向上保持运动的趋势，是该物体的质量和速度的乘积。Momentum 引入了指数衰减平均和指数加权平均这两个概念。在了解 Momentum 前，先了解指数衰减和指数加权平均。

指数衰减即指某一个变量在 t 时刻的值是 t+1 时刻的值的 $\frac{1}{\alpha}$ 的变化现象。其中 α 是衰减因子，用于控制每次衰减的幅度。假设 t 时刻有一个变量 A，则 t+1 时刻的变量 A 的值如下。

$$A_{t+1}=\alpha \times A_t$$

指数加权平均即指某一个变量在 t 时刻的值，可以由 t−1 时刻的变量的值和 t−2 时刻之前累计变量的值加权得到。假设 t 时刻有一个变量 A，则 t−1 时刻的变量 A 的值为 v_{t-1}。设 β 为超参数，即可以人为指定的参数，θ 为某一时刻的累计梯度，则变量 A 在 t 时刻及 t−1 时刻的值如下。

$$v_t = \beta v_{t-1} + (1-\beta)\theta_t$$

$$v_{t-1} = \beta v_{t-2} + (1-\beta)\theta_{t-1}$$

Momentum 优化器是将指数衰减和指数加权平均两种思想结合，将先前累计的梯度和当前的对损失求偏导数得到的梯度进行加权得到当前的动量，其数学公式如下。

$$v_{dw} = \beta_{v_{dw}} + (1-\beta)\frac{\partial L}{\partial \theta}$$

$$\theta_{t+1} = \theta_t - \alpha v_{dw}$$

其中 α 也是一个超参数。

Momentum 优化器可以解决模型参数更新时优化幅度摆动大的问题，同时可以使模型损失收敛速度更快。可以将 v_{dw} 分解成负梯度的方向，即另一个与之垂直的方向。由于梯度进行累加时，与负梯度垂直的方向的正负值会相互抵消，因此可减小优化过程中的振荡程度。而负梯度方向的值会累加，从而使得模型收敛的速度加快。

了解完 Momentum 优化器的相关知识后，接下来介绍在 PaddlePaddle 中调用 Momentum 优化器进行优化的方法。

在 PaddlePaddle 中调用 Momentum 只需要一行代码便可以实现。

```
    paddle.optimizer.Momentum(learning_rate=0.001,momentum=0.9 parameters=None,
use_nesterov=False,weight_decay=0.01,grad_clip=None,name=None)
```

paddle.optimizer.Momentum() 函数中可选的参数的说明如下。

- learning_rate：学习率，用于参数更新的计算。
- momentum：可选，动量因子。

- parameters：可选，指定优化器需要优化的参数。在动态图模式下必须提供该参数；在静态图模式下其默认值为 None，这时所有的参数都将被优化。
- use_nesterov：可选，其数据类型为布尔值，当值为 True 时，则为加入牛顿动量。默认值为 False。
- weight_decay：可选，权重衰减系数，数据类型为 float32 的 Tensor 类型，默认值为 0.01。
- grad_clip：可选，梯度裁剪的策略，默认值为 None。
- name：可选，供开发中输出调试信息时使用，默认值为 None。

课后实训

（1）线性回归对某数据集的拟合效果较差，则其损失函数的 MSE 值（　　）。【单选题】

A．较大　　B．较小

C．不变　　D．以上说法均有可能

（2）某机器的产量 x（单位：台）与单位产品成本 y（单位：元 / 台）满足 $y=100-5x$ 的函数关系。其中 x 的范围是 [5,15)，这说明（　　）。【单选题】

A．单位产品的成本最低可以达到 25 元 / 台

B．产品每增加一台，单位产品的成本减少 5 元

C．产品每增加一台，单位产品的成本平均增加 100 元

D．产品每增加一台，单位产品成本平均减少 5 元

（3）在动态图模式下，下述哪个选项的代码可正确调用 SGD？（　　）。【单选题】

A．paddle.optimizer.Adam(0.2,parameters = model.parameters())

B．paddle.optimizer.SGD(learning_rate = 0.2)

C．paddle.optimizer.SGD(0.1,parameters = model.parameters())

D．以上选项均不对

（4）线性回归中，使用均方误差作为损失函数的条件是（　　）。【单选题】

A．没有特别的条件，是约定俗成的做法

B．数据集的噪声满足高斯分布

C．数据量不能太大

D．以上说法均不正确

（5）逻辑回归的交叉熵损失越大，模型对数据的拟合效果越好。（　　）【判断题】